MANIPULATIONS

DE BOTANIQUE

8049-94. — CORBEIL. Imprimerie ÉD. CRÉTÉ.

MANIPULATIONS

DE

BOTANIQUE

GUIDE

POUR LES TRAVAUX D'HISTOLOGIE VÉGÉTALE
ET L'ÉTUDE DES FAMILLES VÉGÉTALES

PAR

Paul GIROD

PROFESSEUR ADJOINT A LA FACULTÉ DES SCIENCES DE CLERMONT-FERRAND,
PROFESSEUR A L'ÉCOLE DE MÉDECINE ET DE PHARMACIE,
LAURÉAT DE L'INSTITUT

Deuxième édition, revue et augmentée.

AVEC 35 PLANCHES GRAVÉES HORS TEXTE

PARIS

LIBRAIRIE J.-B. BAILLIÈRE et FILS

19, rue Hautefeuille, près du boulevard Saint-Germain.

1895

Tous droits réservés.

PRÉFACE

DE LA DEUXIÈME ÉDITION

Les nouveaux programmes concernant le certificat d'études physiques, chimiques et naturelles, insistent, avec juste raison, sur la nécessité des manipulations. « Le nouvel enseignement doit être, en même temps que théorique, pratique et expérimental. C'est dans les laboratoires, au contact du maître, que l'élève acquiert une connaissance véritablement vivifiante des sciences expérimentales. »

La direction donnée aux études conduisant à la licence ès sciences naturelles s'est affirmée depuis plusieurs années comme répondant à cette indication fondamentale; les manipulations ont pris une place importante et justement méritée dans l'enseignement classique.

En histoire naturelle, il ne suffit pas d'avoir vu beaucoup; il faut graver dans sa mémoire les contours des formes observées, les rapports des parties qui les constituent.

Avec quelque habitude, l'élève, qui a vu de cette façon, arrive à rendre avec netteté sur le papier ou sur le tableau les détails de la préparation qu'il a faite. Une représentation exacte me semble, dans ce cas, le criterium de la connaissance acquise et désormais persistante, et j'admets que l'ignorance d'un sujet coïncide avec l'impossibilité de donner de sa pensée une représentation figurée, compréhensible pour les autres.

Les manipulations peuvent seules permettre à l'étudiant d'acquérir la pratique nécessaire pour étudier, dans ses moindres détails, l'objet décrit dans un cours théorique, et pour donner de cet objet une figure précise, montrant qu'il a compris et qu'il a vérifié l'exactitude des faits énoncés, par ses recherches au laboratoire.

Mais les exercices pratiques réclament, à leur tour, un guide facilitant les travaux et donnant la marche à suivre pour arriver à ce double résultat. C'est dans ce but que j'ai rédigé ce manuel.

J'ai réuni dans une PREMIÈRE PARTIE les connaissances indispensables pour se familiariser avec les végétaux. L'élève doit apprendre à recueillir dans leurs stations les plantes destinées aux manipulations, il doit savoir les dessécher, les réunir en herbier, les conserver dans des liquides appropriés pour les coupes histologiques.

La description des instruments nécessaires à l'histologiste, le choix et la préparation des réactifs usités, le maniement du microscope et les procédés à suivre pour la représentation des objets observés, forment un ensemble de connaissances générales communes à toutes les manipulations du laboratoire.

Dans la SECONDE PARTIE, je me suis appliqué à grouper une série d'exercices gradués et j'ai réuni le triple secours de planches gravées par moi, d'un texte imprimé en regard de chaque planche et d'un ensemble d'indications scrupuleusement choisies, pour permettre à l'élève d'exécuter chaque exercice avec la plus entière certitude et sans le secours de conseils étrangers. J'espère qu'en répétant chacune de ces leçons le commençant se familiarisera rapidement avec les méthodes de l'histologie végétale. Il arrivera ainsi à répondre à l'exigence fondamentale du programme : « faire vite et bien. »

Les matières traitées dans cette seconde partie sont groupées en trois séries :

La PREMIÈRE SÉRIE est consacrée à l'étude histologique des Organes végétatifs des Végétaux Angiospermes.

Une introduction touche aux méthodes de préparation et aux procédés opératoires employés pour obtenir les coupes et la dissociation des tissus. Ces notions sont appliquées au cas particulier de la tige, de la racine et de la feuille de ces végétaux.

Des observations préliminaires donnent des principes fondamentaux sur la constitution des tissus et leur groupement pour former l'axe et l'appendice. La comparaison de la tige et de la racine, l'examen de la feuille doivent, au point de vue théorique, précéder les observations de l'histologie pratique et ont reçu quelques développements qui guideront l'étudiant dans ses recherches.

Huit planches représentent les coupes longitudinales et transversales de tiges, de racines et de feuilles choisies parmi les plus typiques. L'observation, faite à des grossissements successifs, permet de comprendre les ensembles et de saisir tous les détails qui s'y rapportent.

Le texte qui accompagne chaque planche est placé exactement en regard. Cette disposition est très favorable pour l'étude, et les avantages présentés compensent la condition imposée pour la rédaction du texte.

La DEUXIÈME SÉRIE comprend l'étude de la Fleur, du Fruit, de la Graine et de l'Embryon des Végétaux Angiospermes.

Ces parties, plus délicates que les organes végétatifs, demandent des procédés spéciaux de préparation qui sont décrits dans un chapitre d'introduction.

Les types de fleurs ont été pris chez les Monocotylédones et chez les Dicotylédones et la comparaison entre les deux groupes a été faite dans la série des verticilles floraux. Les phénomènes de la fécondation ont été suivis avec détail et les diverses formes que présentent les matières amylacées dans les réserves de l'albumen et des cotylédons, ont été représentées pour permettre de se familiariser avec la reconnaissance par le microscope des amidons et des farines.

Les exercices comprennent quatre planches.

La TROISIÈME SÉRIE se rapporte aux Gymnospermes et aux Cryptogames.

Le Pin est étudié comme type des Gymnospermes ; la Fougère et la Prêle comme représentants pour les Cryptogames vasculaires ; la Mousse, le Chara, les Algues et les Champignons, pour les Cryptogames cellulaires.

Nous avons donné tous les renseignements pour la recherche de ces végétaux, sur les époques les plus favorables, les méthodes de conservation et de préparation.

Les points particuliers concernant les procédés histologiques, mis en pratique pour les opérations délicates des végétaux cellulaires et des éléments anatomiques, ont fait l'objet d'un chapitre spécial.

Des observations sur la Cellule végétale et sur la marche à suivre pour observer le protoplasma vivant et la division du noyau complètent cet ensemble.

Huit planches avec texte accompagnent cette série.

La TROISIÈME PARTIE est consacrée à l'étude des Familles naturelles des végétaux Angiospermes. Nous avons choisi nos types parmi les plantes indigènes, pour permettre à l'élève de les récolter lui-même pour les analyser et les déterminer. Nous avons adopté la classification générale adoptée dans les programmes, donnant les caractères des Dicotylédones Gamopétales, Polypétales, Apétales, et des Monocotylédones.

Quinze planches nous ont permis de grouper les caractères les plus importants de ces familles.

Ce livre est le résumé de conférences pratiques faites aux élèves de la Faculté des sciences et aux étudiants en médecine et en pharmacie.

On y trouvera tous les détails qui m'ont semblé devoir répondre aux desiderata de ceux qui commencent l'étude pratique de la botanique.

Lorsqu'on possède un sujet, on oublie trop souvent le temps et les efforts que l'on a dû consacrer pour acquérir cette possession parfaite, et l'on néglige ainsi des points qui semblent insignifiants et qui sont cependant indispensables à celui qui veut apprendre.

Pour réduire à néant cette tendance, je me suis attaché, pour la composition et la rédaction de ce livre, à suivre pas à pas les indications que les élèves me donnaient eux-mêmes par leurs questions et leurs observations.

L'accueil si flatteur fait à la première édition de ce « guide pour les travaux pratiques de botanique » me fait espérer que ce modeste opuscule, ainsi augmenté, trouvera sa place sur la table de travail de l'étudiant. Nous avons voulu guider les premiers pas de l'élève et nous avons profité de nos observations faites, tant dans notre enseignement à la Faculté des sciences que dans la direction des travaux pratiques à l'École de médecine, pour donner à celui qui veut apprendre les éléments fondamentaux qui feront de lui un naturaliste consciencieux et pratique.

Dr PAUL GIROD.

Clermont-Ferrand, le 15 novembre 1894.

TABLE DES MATIÈRES

PREMIÈRE PARTIE

RECHERCHE ET CONSERVATION DES VÉGÉTAUX

I

RÉCOLTE DES PLANTES

La préparation nécessaire aux manipulations du laboratoire est la recherche des matériaux qui seront utilisés pour les analyses et pour les recherches histologiques. L'élève doit recueillir lui-même, dans leurs stations, les végétaux types sur lesquels doivent porter ses recherches.

Le matériel utile pour cette herborisation est des plus simples :

Une **pioche**, emmanchée à l'extrémité d'un bâton servant de canne, et une **boîte** en fer-blanc pour maintenir les plantes en bon état pendant l'excursion.

Le dispositif de la pioche varie à l'infini. La pioche fixe peut être remplacée par une pioche ou **houlette à vis** (fig. 1). On peut aussi utiliser le **couteau Verlot** (fig. 2), le **piochon Haquin** (fig. 3), le **piochon Decaisne**, le **piochon Cosson** (fig. 4), etc. Ce dernier sert en même temps de marteau et permet de fabriquer sur place des échantillons destinés à la collection géologique. Nous en donnons les principaux types, d'après Verlot.

Le **piochon pliant** de Deyrolle peut être porté directement dans la poche ou dans une gaine fabriquée pour le recevoir.

La **boîte à herborisation** (fig. 5) doit être longue, environ 50 centimètres, avec un petit compartiment terminal pouvant recevoir les plantes petites et fragiles. Cette boîte est absolument nécessaire et il faut bien convaincre l'élève de l'impossibilité où il est de conserver des plantes à la main ou dans des paquets de papier. L'humidité est nécessaire aux plantes et il suffit d'asperger de temps en temps le contenu de la boîte pour conserver aux végétaux toute leur fraîcheur. Si la récolte s'annonce trop copieuse, on se munira de toile caoutchoutée ou de toile cirée qui permettra de faire de grosses gerbes bien empaquetées et soigneusement ficelées.

Pour les plantes d'une délicatesse extrême, dont les pétales tombent par la moindre cause, il faut se munir d'un **carton** contenant des feuilles de papier, entre lesquelles on étale les échantillons, au moment où on les recueille ; une courroie serre le tout ; le papier choisi est celui que nous indiquerons bientôt en parlant de l'herbier.

Recommandation expresse de récolter des **échantillons complets** du végétal destiné à l'herbier ; s'il s'agit d'un Phanérogame, arracher la plante en fleur, avec sa **racine**, sa **tige**, ses **feuilles**, son **inflorescence** et ses **fleurs**, à divers états de développement ; une récolte ultérieure aura pour but de recueillir la même plante en **fruits**.

II

CONFECTION DE L'HERBIER

Les plantes récoltées sont divisées en trois lots. Un premier lot sera desséché et conservé dans l'**herbier** ; un second lot sera placé dans de grands vases remplis d'eau fraîche et servira aux **déterminations** et aux **dissections**, le troisième lot sera préparé pour les coupes et **manipulations histologiques**.

La dessiccation des plantes s'obtient en absorbant l'humidité à l'aide du papier. On peut employer le **papier de paille** qui sert à l'emballage, de préférence au papier buvard gris qui était utilisé autrefois. Ce papier se trouve dans le commerce en feuilles doubles de dimensions convenables. Ces feuilles seront groupées par quatre, en cahiers minces.

Pour dessécher un échantillon, on place sur la table un de ces cahiers, le dos tourné vers la main droite. Sur ce cahier on pose une feuille double, le dos tourné vers la gauche, on ouvre cette feuille et sur la page de fond, on dispose l'échantillon, en lui conservant, autant que possible, le port naturel. Pour maintenir les parties, on utilise des lames pesantes ou des pièces de monnaie. Quand l'échantillon est bien étalé, on ramène la page supérieure de la feuille de papier, pressant de la main gauche et retirant au fur et à mesure les poids chargeant les feuilles ou les fleurs. On pose alors, dos à droite, un nouveau cahier, puis une nouvelle feuille, dos à gauche, qui reçoit un nouvel échantillon, et ainsi de suite, jusqu'à l'arrangement complet des plantes à dessécher. Une planchette de dimensions correspondantes est placée sur le dernier cahier et quelques poids servent à exercer une pression moyenne sur la pile ainsi formée.

On peut remplacer cette disposition si simple par une **presse**, dans laquelle on empile les cahiers, et des courroies permettent de

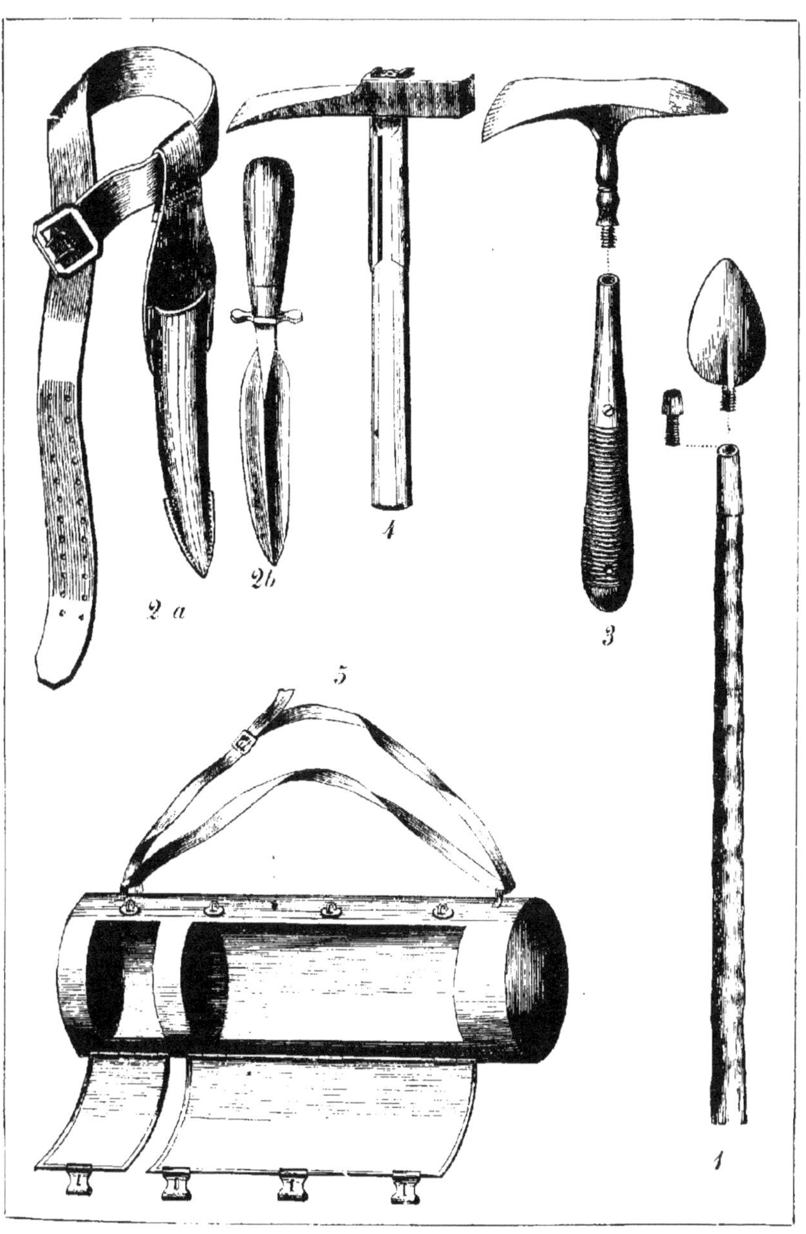

PIOCHONS — BOITE A BOTANIQUE.

comprimer les échantillons enfermés de la même façon et dans le même ordre.

Il faut chaque jour changer les cahiers qui séparent les échantillons. La position inverse, donnée au dos des cahiers et au dos des feuilles à échantillons, facilite beacoup ce changement. Le cahier supérieur de la pile est enlevé et la feuille d'échantillon transportée sur un cahier frais, et ainsi de suite, les cahiers mouillés sont retirés et remplacés par des cahiers bien secs. Les cahiers humides sont étalés et se dessèchent pour servir au rechange du lendemain.

Il faut cinq à six jours pour dessécher la majorité des plantes herbacées. Pour les plantes ligneuses, il est bon de couper longitudinalement, à l'aide d'un canif, l'axe ligneux. On coupe de même les tubercules et les parties charnues épaisses. Pour quelques plantes trop vivaces, il faut les tuer en les plongeant dans l'eau chaude.

Chaque échantillon doit être accompagné d'une **étiquette** au crayon, indiquant la localité où la plante a été récoltée et la date précise de la récolte.

Les plantes desséchées sont réunies dans l'**herbier**. On les groupe par genres et par familles et les familles sont placées dans l'ordre conforme à la classification choisie. On peut laisser chaque plante dans la feuille qui a servi à la dessiccation ; en général, on la transporte dans une **chemise de papier bulle**. Les indications sont relevées sur une **étiquette** spéciale sur laquelle on indique le nom du genre et de l'espèce. Les espèces du même **genre** sont réunies dans une chemise d'autre couleur qui porte le nom du genre. Une chemise plus vaste enferme les genres d'une même **famille**. De grands **cartons** se fermant à l'aide de courroies servent à grouper les séries de familles et maintiennent les plantes verticales sur les rayons de l'herbier.

Les plantes ainsi disposées sont souvent attaquées par les insectes. Pour éviter cette action destructive, le meilleur moyen consiste à tremper la plante desséchée dans un vase plat contenant de l'alcool du commerce, dans lequel on a dissouts 30 grammes de sublimé corrosif par litre. La plante est retirée au bout de quelque temps et essuyée entre deux cahiers de papier buvard.

III

CONSERVATION DES ÉCHANTILLONS D'ÉTUDE

L'eau fraîche ne maintient les plantes recueillies en bon état que pendant un temps très court. C'est cependant un procédé excellent qui permet l'épanouissement des boutons et laisse les fleurs avec leur couleur et dans les meilleures conditions pour la dissection. Si donc l'élève peut s'adonner à l'observation rapide, il faut utiliser ce procédé, en ayant soin de renouveler l'eau des vases deux fois par jour et en coupant les parties du végétal qui se putréfient dans le liquide.

La conservation se fait dans l'**alcool** ordinaire; on place dans des flacons les parties de tige, feuilles, racines, fleurs, fruits que l'on veut conserver et on verse de l'alcool de façon à les recouvrir; un bouchon de liège doit fermer hermétiquement le flacon. L'alcool rend très cassants les objets qui y sont placés; aussi avant de les utiliser, faut-il les transporter dans un mélange à partie égale d'alcool et de **glycérine**; on peut de là les mettre dans l'eau. Cette précaution fait disparaître l'inconvénient dû à la rigidité des parties traitées par l'alcool et permet de disséquer les organes et d'exécuter les coupes avec facilité.

Les Cryptogames vasculaires, les Mousses, les Hépatiques, les Lichens, les Champignons et Algues supérieurs se dessèchent comme les Phanérogames. Les Champignons et les Algues microscopiques doivent être conservés sous lamelles pour se prêter à l'emploi des objectifs. A cet effet, la plante est placée dans un liquide conservateur — **gélatine glycérinée** — sur une lame porte-objet et recouverte d'une lamelle. L'observation de la plante fraîche dans l'eau donnera les meilleurs résultats, mais il faut pouvoir se livrer de suite à l'examen des végétaux microscopiques recueillis. Les espèces à carapaces siliceuses, comme les Diatomées, peuvent être traitées par l'acide azotique bouillant, avec addition de chlorate de potasse : de cette façon, le contenu de la cellule disparaît et les stries de la carapace se montrent avec la plus grande netteté. La conservation se fait dans le baume de Canada. Nous étudierons à part ces procédés en nous occupant de ces végétaux.

IV

LABORATOIRE

Le **laboratoire** réclame deux conditions indispensables : une lumière vive, blanche, tombant directement dans la pièce, et une orientation mettant à l'abri des rayons du soleil.

De larges fenêtres répondent à la première de ces conditions; l'exposition au nord répond à la seconde.

La fenêtre doit être légère, à barreaux fins en fer, à larges vitres d'une seule pièce; des vasistas permettent le renouvellement de l'air, mais l'ensemble est immobile. Cette disposition remplace avantageusement les fenêtres à deux battants, à cadre de bois épais, qui enlèvent beaucoup de jour et sont difficiles à manier au-dessus de la table de travail.

L'exposition au nord met à l'abri du soleil à toute heure du jour; c'est un grand point, car les écrans préconisés enlèvent à la lumière sa limpidité et sa puissance.

La lumière doit venir du ciel ou des nuages plus ou moins vivement éclairés, d'où la nécessité d'avoir devant les fenêtres un vaste horizon; l'interposition de murs qui réfléchissent les rayons lumineux fatigue l'œil de l'observateur.

Les lumières artificielles ne doivent être utilisées qu'en cas de force majeure; la lumière électrique, du gaz, du pétrole, même avec interposition de globes colorés, est fatigante et ne permet pas une application longue et soutenue.

La **table de travail** est installée devant la fenêtre; elle est en chêne, lourde et robuste, reposant sur des pieds massifs. Cette table doit être très stable, car on ne peut se livrer à des dissections minutieuses qu'en ayant la sûreté de main que donne l'assurance de l'appui. La table sera cirée pour pouvoir se nettoyer facilement.

Les dimensions seront pour la largeur 70 centimètres, et pour la longueur, les plus étendues possible. On n'a jamais trop de place. Pour la hauteur, elle sera telle que le travailleur puisse s'accouder franchement, étant assis sur un tabouret. Dans ces conditions, les coudes et les avant-bras sont soutenus et les mains peuvent manier les instruments avec l'assurance voulue.

Le **tabouret** est préférable à une chaise ou à un fauteuil. Il sera canné et tournant sur son axe, pour éviter au travailleur de se lever pour changer de position. Une table plus petite sera placée à droite, s'appuyant par une extrémité contre la grande et formant avec elle un angle droit. Ce sera le **bureau** pour le dessin; elle supportera une **étagère** pour les réactifs, les bocaux, etc. Des tiroirs seront adaptés à ces tables pour permettre le rangement des papiers et des pièces délicates; une caisse ouverte pour les torchons et linges grossiers sera fixée à l'extrémité gauche de la table.

Si le laboratoire possède l'eau et le gaz, la table sera munie d'un **robinet** avec tube de caoutchouc pour l'eau, avec petit **évier**, et d'une prise de gaz alimentant un **brûleur de Bunsen**. Si cette installation manque, on établira un **réservoir à eau** et l'on utilisera une **lampe à alcool**. Ce réservoir sera un flacon à tubulure inférieure, de la capacité de quatre à cinq litres; cette tubulure portera, dans un bouchon solide, un tube de verre avec long tube de caoutchouc. Le flacon sera placé sur une planchette fixée au mur, et le tube muni d'une pince à pression qui permettra de faire passer l'eau à volonté.

Un **aquarium** est souvent utile pour la conservation des plantes aquatiques. Une **cloche à melon**, retournée, sur un pied métallique est très recommandable. L'eau est versée directement, par le robinet de la conduite, et un **siphon** assure son renouvellement régulier, rejetant le trop-plein sur l'évier voisin.

DEUXIÈME PARTIE
EXERCICES PRATIQUES D'HISTOLOGIE GÉNÉRALE

I
MICROSCOPE ET SES ACCESSOIRES

Le **microscope** (fig. 6) est l'instrument fondamental pour les recherches d'histologie végétale. Il comprend des parties mécaniques et des parties optiques.

Les parties mécaniques constituent la **monture**. Un **pied lourd**, massif, assure la fixation de l'instrument sur la table; il porte, en avant, une petite table, la **platine**, sur laquelle est placé l'objet à examiner, et se prolonge pour servir de support au **corps** du microscope, aux extrémités duquel sont adaptés les objectifs et les oculaires.

La **platine** est horizontale, elle est percée au centre d'un trou circulaire pour le passage des rayons lumineux. Au-dessous est adapté un **porte-diaphragme** qui permet d'en diminuer à volonté l'ouverture par l'introduction de lames circulaires percées en leur centre d'orifices plus ou moins grands. Ce porte-diaphragme peut recevoir aussi un **condensateur** ou même un **polarisateur**. Elle porte deux **pinces latérales** pour fixer les lames portant les objets à examiner. A la platine se rattache le **miroir** destiné à éclairer la préparation; il doit être à deux faces, plan et concave, monté à articulations, pouvant se développer dans tous les sens pour la lumière oblique.

Le **corps** du microscope est formé de deux tubes qui glissent l'un dans l'autre à frottement doux ; on peut ainsi faire varier la distance qui sépare les extrémités libres des deux tubes, c'est-à-dire l'oculaire de l'objectif. Ce corps est rattaché au pied par une douille puissante, fendue, formant pince.

L'éloignement ou le rapprochement de l'objectif vers la préparation peut s'obtenir en faisant glisser à la main le corps du microscope dans sa douille, mais ce procédé est primitif et demande une grande sûreté de main. Aussi est-il remplacé par des appareils permettant d'obtenir automatiquement et avec précision les plus petits déplacements. Les mouvements rapides et étendus s'obtiennent à l'aide d'une **crémaillère**, mue par une roue latérale ; les mouvements lents sont produits par une **vis micrométrique** qui permet la mise au point avec la plus grande exactitude.

Le **pied** peut se compliquer par l'interposition, au-dessous de la platine, d'une articulation qui permet d'incliner la partie supérieure du microscope, pour rapprocher l'objectif de l'œil ; ces **modèles inclinants** présentent certains avantages.

De même la **platine** peut être plus compliquée : elle peut être montée à rotation, ce qui permet la rotation de toute la partie supérieure de l'instrument autour de l'axe optique ; elle peut être munie d'un **chariot mobile** qui facilite la recherche des éléments soumis à l'examen.

Les parties optiques comprennent : les **objectifs**, les **oculaires**, les **condensateurs**.

Les **objectifs** se fixent à l'extrémité inférieure du corps qui correspond à l'objet à examiner, les **oculaires** se glissent dans l'extrémité supérieure du corps, sur lequel repose l'œil.

L'**objectif** est un microscope simple, formé de lentilles achromatiques superposées, qui produit, dans le corps du microscope, une image réelle et renversée de l'objet examiné, à une hauteur variable, suivant la distance de l'objet à la lentille.

L'**oculaire** est une loupe qui agit, par sa lentille oculaire, sur l'image réelle comme une loupe simple et en augmente le grossissement ; d'autre part, par sa lentille de champ, il corrige l'aberration de forme due à l'objectif.

La combinaison de l'oculaire et de l'objectif donnera des grossissements variés suivant la composition optique de l'oculaire et de l'objectif employés.

Les oculaires sont numérotés de 1 à 4 ; 1 étant le plus faible, 4 le plus fort ; de même la force des objectifs est indiquée, en France, par la série croissante de 1 à 10 ou plus. Les **objectifs** moyens sont

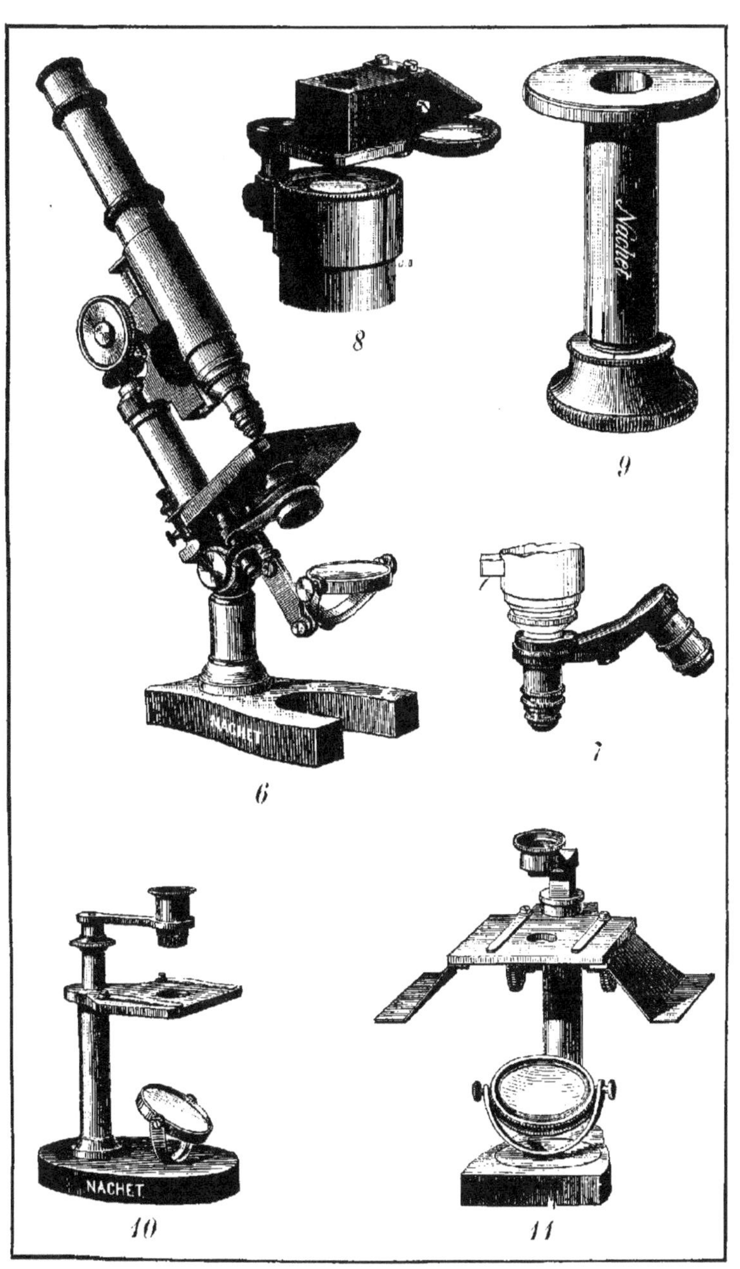

MICROSCOPE ET ACCESSOIRES.

à correction; les objectifs plus forts sont à correction et à immersion dans l'eau; les plus forts sont à immersion homogène. Un revolver porte-objectif (fig. 7) est très commode pour changer instantanément d'objectif.

Le condensateur le plus complet, connu sous le nom d'éclairage Abbe, se compose de trois lentilles qui réunissent en un cône très obtus les rayons réfléchis par le miroir; il est diaphragmé par un diaphragme-iris. Ce condensateur peut être simplifié pour les petits microscopes.

La chambre claire (fig. 8), qui permet de dessiner les objets contenus dans le champ du microscope placé verticalement, doit être sous la main de l'observateur qui l'utilise pour poser sur le papier les grandes lignes de ses préparations et exécuter les dessins d'histologie végétale.

Le microscope sera placé, entre les séances, à l'angle de la table, sous un globe de verre.

L'étudiant se contentera de munir sa boîte des oculaires 1 et 3, et des objectifs 2 et 6, lui donnant des grossissements de 50 à 300 diamètres. Pour la monture, il réduira le prix d'achat, en prenant un modèle droit, non inclinant; il pourra se passer de condensateur.

II

MATÉRIEL POUR PRÉPARATIONS ET DESSIN

Pour les préparations microscopiques, l'élève réunira dans un des tiroirs de sa table :

Un assortiment de lames porte-objets (76/26 mm.) et de lamelles couvre-objets, carrées (18 mm.).

Quelques verres de montre, à fond plat, petits cristallisoirs, tubes à essai.

Une cuvette rectangulaire, en porcelaine, pouvant supporter les lames, à fond mi-noir et mi-blanc pour permettre de modifier à volonté le fond sur lequel se détache l'objet placé sur la lame transparente.

La trousse comprendra :

Un rasoir à deux faces évidées, un rasoir avec une face plane, un bon cuir pour repasser les rasoirs.

Une pince fine, deux aiguilles emmanchées, un fort scalpel, deux pinceaux fins.

Un microtome (fig. 9) facilite la coupe de certaines parties du végétal; on utilisera un petit microtome formé par un manchon, terminé par un plateau en métal inoxydable. Dans le manchon se meut un mandrin, muni d'un pas de vis micrométrique, qui pousse la préparation dans la direction du plateau.

Une **boîte à préparations** microscopiques est nécessaire. La meilleure disposition à adopter est celle qui permet de ranger les préparations à plat. Aussi, au laboratoire, on utilisera des rayons très plats, avec fond en bois léger ou en carton, sur lesquels les préparations sont déposées parallèlement. Pour les envois ou les transports, on utilisera les boîtes avec rainures pour fixer les préparations et éviter leur chevauchement.

Pour le **dessin**: crayons A. Faber polygonaux: H, F, HB, B; — gomme à crayon, brune.

Une **boîte de couleurs anglaises**, aquarelle : carmin, bleu de Prusse, gomme gutte, sépia, un bâton d'encre de Chine ; une palette porcelaine, pinceaux fins, des estompes.

Papier bristol. — Chaque feuille coupée en 8 parties donnant ainsi des planches d'un format régulier. Encadrer chaque planche dans une chemise de papier ordinaire et coller sur l'ensemble une feuille pouvant s'abaisser et protéger le dessin.

Une boîte d'**étiquettes** carrées, gommées, de la hauteur des lames.

Un assortiment de cahiers de **papier à cigarette** dont les feuilles sont utilisées comme papier buvard.

III
RÉACTIFS

Les **réactifs** sont les uns liquides et placés dans des flacons bouchés à l'émeri, les autres solides et placés dans des flacons à large ouverture, liégés.

Les flacons seront d'une contenance de 30 cc. ; des baguettes en verre, libres, servent à puiser et transporter les réactifs. Les **flacons compte-gouttes**, avec bec et bouchon à l'émeri, peuvent avantageusement remplacer les flacons ordinaires pour le maniement des réactifs.

On place sur l'étagère :

1. **Alcool absolu,** suffisamment absolu pour former, avec l'essence de girofle, un mélange absolument transparent. Lorsqu'on reçoit un litre d'alcool absolu, il faut de suite le transvaser dans des flacons de 30 cc. qui sont aussitôt solidement bouchés au liège et cachetés. De cette façon, les quantités d'alcool absolu mises en usage en même temps sont minimes, et l'on évite sur la masse l'action de la vapeur d'eau de l'air, qui transforme rapidement l'alcool absolu en alcool de plus en plus aqueux.

2. **Glycérine neutre**, essayée au papier de tournesol.

3. **Acide acétique cristallisable.**

4. **Liquide acéto-glycérique** : mélange formé de : acide acétique, 1 partie ; glycérine, 2 parties.

5. **Potasse** caustique solide, 5 grammes dans 100 cc. d'eau distillée.

6. **Acide nitrique.**

7. **Chlorate de potasse**, en cristaux.

8. **Iode**, en solution aqueuse : dissoudre 2 grammes iodure de potassium dans 100 cc. d'eau distillée; ajouter : iode, q. s. pour saturer; laisser quelques cristaux d'iode au fond du flacon.

9. **Chloroiodure de zinc.** — Dissoudre 25 grammes de chlorure de zinc et 8 grammes d'iodure de potassium dans 8 cc. 50 d'eau, filtrez sur l'amiante, saturez avec iode.

10. **Liquides à double coloration.**

a. **Violet à double coloration.** — Versez dans une solution aqueuse, saturée de fuchsine, une solution aqueuse de bleu d'aniline, en agitant de façon à obtenir une solution violet pourpre.

b. **Picro-nigrosine.** — Versez lentement, dans une solution aqueuse saturée d'acide picrique, une solution aqueuse de nigrosine. Liquide de coloration vert olive.

c. **Picro-bleu d'aniline.** — Versez, dans une même solution d'acide picrique, 4 p. 100 d'une solution aqueuse de bleu d'aniline. Liquide de coloration vert bleu.

Ces trois liquides peuvent être remplacés l'un par l'autre, et lorsque, dans nos descriptions, nous disons : violet à double coloration, nous comprenons en même temps la possibilité d'emploi des deux autres. La *safranine*, en solution aqueuse, peut remplacer la *fuchsine* dans le premier liquide.

Par ces liquides, les membranes incrustées sont colorées en rouge par la fuchsine ou en jaune par l'acide picrique; les membranes minces cellulosiques fixent le bleu d'aniline ou la nigrosine.

Il est évident que l'élève pourra utiliser, au lieu des mélanges indiqués, l'emploi successif des diverses substances colorantes. Ainsi il pourra se servir, dans deux opérations séparées, du bleu d'aniline et de la fuchsine, par exemple. Dans le cas où la coloration d'une partie seulement des tissus est nécessaire, il pourra choisir parmi les solutions aqueuses de ces divers réactifs celles qui conviennent au cas spécial étudié.

11. **Gélato-glycérine.** — Prenez 1 partie en poids de gélatine de Paris et mettez-la ramollir dans 6 parties d'eau. Ajoutez 7 parties de glycérine pure, et, pour 100 grammes du mélange, 1 gramme d'une solution alcoolique concentrée d'acide phénique. Chauffez

un quart d'heure, jusqu'à transparence complète du mélange, filtrez
sur coton de verre, coulez dans des flacons à large goulot.

Pour utiliser ce mélange on le chauffe au bain-marie. On obtient
ainsi un liquide clair, analogue à la glycérine, et que l'on dépose,
à chaud, sur la préparation. Par le refroidissement, ce liquide se
prend entre la lame et la lamelle et rend la préparation persistante.
On évite ainsi d'avoir à fixer la lamelle sur la lame par une bordure
dont la conservation n'est pas toujours de longue durée.

12. Essence de girofle. — Xylol. — Le xylol présente l'avantage
sur l'essence de girofle de se mêler à l'alcool à 95°; il n'est donc pas
nécessaire d'avoir de l'alcool absolu aussi parfait que pour l'emploi
de l'essence de girofle.

13. Baume de Canada. — On l'utilise dissous dans le chloroforme
ou le xylol. On le trouve dans le commerce enfermé dans des tubes
d'étain à bouchon vissé, comme les couleurs à l'huile; c'est le
meilleur procédé pour sa conservation et son emploi; il suffit de
presser sur le tube pour obtenir la sortie du baume liquide; il durcit
à l'air par évaporation du chloroforme ou du xylol.

14. Masses à luter les lamelles. — Pour fixer la lamelle sur la
lame, dans le cas où la préparation est dans un liquide, comme la
glycérine, on peut utiliser :

Le **silicate de potasse**, transparent, dans un flacon bien fermé
par un bouchon de liège.

Le **maskenlack** et le **gold-size**, qui sont des préparations com-
merciales.

L'application de ces luts nécessite une préparation préalable que
nous indiquerons une fois pour toutes. Il faut enlever avec le papier
à cigarette la glycérine qui déborde la lamelle et recouvrir ses
bords et les parties correspondantes de la lame avec une couche
de la solution de baume de Canada. C'est sur cette couche que l'on
dépose le silicate ou les autres luts.

On réunira en provision :

1 litre d'**eau distillée**, 1 litre d'**alcool** à 90 degrés.

Gomme arabique, en solution sirupeuse, filtrée, dans l'eau distillée.

Paraffine, en morceaux. Choisir de la paraffine dont le point de
fusion soit voisin de 58° c.

IV

MÉTHODES DE PRÉPARATION

L'objet à examiner peut être assez transparent pour permettre
l'observation directe; mais, en général, il doit être débité en tranches

minces ou dissocié, afin d'avoir la transparence nécessaire pour l'observation au microscope.

La **dissociation** a pour but de séparer les éléments constitutifs des tissus; on utilise des procédés qui varient avec les cas spéciaux que nous examinerons ultérieurement.

Les **coupes** sont faites à **main levée** ou avec l'aide du **microtome**.

Les coupes à main levée sont faites au **rasoir évidé**, la main droite tenant l'objet nu ou enveloppé de moelle de sureau. C'est le procédé rapide, classique que nous décrirons en détail en son lieu et place.

L'emploi du **microtome** doit être réservé pour des cas plus spéciaux, et, en principe, l'élève doit pouvoir se passer de l'instrument, car il doit acquérir, par l'habitude, la sûreté de main nécessaire pour n'avoir pas besoin de guide, pour la lame du rasoir.

Si le microtome est jugé utile, on tourne la vis de droite à gauche de façon à descendre au maximum le mandrin dans le manchon de l'instrument. On glisse alors dans la partie vide du tube l'objet pincé entre les deux blocs de moelle de sureau sèche, puis on enfonce le microtome dans de l'eau alcoolisée. La moelle de sureau absorbe l'eau, se gonfle, comprime l'objet avec force. Si l'on tourne la vis du microtome de gauche à droite, l'objet ainsi comprimé s'élève peu à peu et fait saillie au-dessus du plateau. Si l'on fait glisser le **rasoir à face plane** sur la platine, en appuyant sur elle la face plane, le tranchant rencontre la partie saillante et la détache. La vis étant micrométrique et graduée, il est possible de faire monter l'objet d'une façon régulière, en donnant à sa saillie une hauteur déterminée. Dans ces conditions, chaque coup de rasoir détache une tranche de moelle de sureau contenant l'objet dont l'épaisseur est absolument déterminée.

Les **coupes** ainsi obtenues sont recueillies et traitées comme celles obtenues à main levée. Ces coupes sont placées sur une lame porte-objet, plongées dans des liquides appropriés et recouvertes d'une lamelle protectrice. Nous passerons en revue, avec les manipulations diverses, les moyens employés pour arriver à ce résultat final.

V

MANIEMENT DU MICROSCOPE

Le microscope est placé au milieu de la table de travail et l'on s'assure que les lentilles et les miroirs sont parfaitement nets.

Un morceau de moelle de sureau fraîchement cassée sert à nettoyer les faces libres des oculaires et des objectifs; un linge fin est passé sur le miroir et sur la platine.

Pour éclairer la préparation, on commence par orienter le microscope dans la direction du point le plus éclairé du ciel, un nuage blanc par exemple (les rayons directs du soleil doivent être évités à tout prix). Puis on fait tourner le miroir autour de son axe pour projeter la lumière sur la préparation.

On place alors l'oculaire et l'objectif.

On placera d'abord l'oculaire le plus faible et l'objectif le plus faible.

Pour mettre au point, on fera descendre lentement le tube du microscope de façon à placer l'extrémité libre de l'objectif le plus près possible de la lamelle sans toutefois toucher la lamelle. L'œil est alors placé à l'oculaire et le tube est reporté lentement en haut jusqu'au moment où la coupe apparaît. A ce moment la vis micrométrique permet de trouver le point précis de la mise au point. On peut faire glisser la lame sur la platine, examiner la coupe dans toutes les directions et choisir la portion qui doit être vue à un fort grossissement. On fixe la lame à l'aide des petites pinces que porte la platine.

On met alors oculaire faible et objectif fort et l'on suit la même marche pour l'examen. L'oculaire fort permet de grossir davantage certaines parties qui demandent à être étudiées avec plus de détails.

L'élève s'habituera à se servir de l'œil gauche pour regarder dans le microscope; de plus, il devra laisser l'œil droit ouvert. De cette façon, il aura à sa disposition l'œil droit pour s'occuper du dessin de la préparation et il évitera la fatigue que cause l'occlusion continuelle d'un œil. Il devra s'adonner à obtenir la plus grande indépendance possible dans les deux yeux.

VI

DESSIN DE LA PRÉPARATION

Lorsque l'élève s'est rendu compte avec exactitude des détails de la préparation qu'il examine, il doit la dessiner sur le papier en marquant les rapports des parties constituantes et en donnant à chaque partie ses caractères distinctifs.

Nous conseillons au débutant de se servir de la **chambre claire** pour apprendre à jeter sur le papier les grands traits de l'ensemble. La chambre claire est mise à la place de l'oculaire, on met au point d'une façon exacte; la boîte du microscope sert de support à la feuille de papier sur laquelle se projette l'image. On voit alors sur le bristol la préparation et la pointe du crayon.

Pour obtenir la plus grande netteté dans cette supposition, il faut que la lumière présente une intensité égale sur la préparation et sur la feuille de papier ; cette condition bien remplie facilite beaucoup l'opération délicate de l'emploi de la chambre claire.

Avec un crayon très tendre et très finement taillé on esquisse légèrement les contours des éléments examinés, marquant plutôt la place des groupes que leur forme définie, car il faut une grande habitude pour dessiner nettement de cette façon. On enlève la chambre claire et l'on reprend le dessin avec un crayon dur qui permet, en suivant de l'œil gauche les détails de la préparation, d'accentuer d'une façon précise les contours vagues donnés par le premier contour. On termine enfin en donnant aux diverses cellules leurs caractères propres et différentiels.

Avec l'habitude, l'élève arrivera à esquisser directement, sans chambre claire, le dessin de ses préparations, il évitera ainsi de nombreuses difficultés et gagnera un temps précieux pour l'examen.

L'élève doit, dans ses dessins, faire ressortir d'une façon précise certains éléments ou groupes d'éléments ; il trouvera dans l'examen des figures qui accompagnent cet opuscule les indications fondamentales qui doivent le guider.

En général, les masses parenchymateuses sont sacrifiées pour donner aux faisceaux fibreux et vasculaires, aux formations spéciales qui s'y rencontrent, plus de précision et de netteté. Du reste, on pourra, dans un même dessin, donner dans une partie tous les éléments constituants et indiquer dans une autre partie les points sur lesquels doit insister l'observation. On obtient ainsi des croquis qui frappent plus facilement l'œil et affirment, par cette disposition demi-schématique, les traits importants de la recherche.

Le pinceau fin trempé dans l'encre de Chine permet d'accentuer certains contours. Pour ombrer une partie saillante ou en creux, on se sert de l'estompe couverte de mine de plomb obtenue par grattage du crayon. Dans le procédé du pinceau, un pinceau est imbibé d'encre de Chine d'intensité moyenne et passé sur le bord à ombrer ; immédiatement et avant dessiccation de l'encre, un second pinceau trempé dans l'eau pure est passé sur le bord de la ligne d'encre. Il se fait un mélange entre l'eau et l'encre, et la dessiccation donne des tons dégradés du meilleur effet.

Une petite lame ou un morceau de papier de verre fixé sur une planchette sert à entretenir la pointe du crayon ; les mélanges de couleurs se font sur la palette en porcelaine.

Il faut apporter partout et toujours la propreté la plus exquise. Les poussières qui nous entourent tendent à envahir les lames et lamelles et demandent à être enlevées avec le linge fin sous peine de donner au microscope les mille formes des détritus qui les constituent. Les réactifs doivent être maniés en évitant toute cause pouvant provoquer des mélanges. L'élève doit se souvenir que la réussite des préparations dépend des soins apportés aux manipulations successives. Une seconde d'impatience ou de négligence demande souvent, pour être réparée, de longues heures de travail continu.

Le dessin est pour l'examinateur un signe certain de la valeur du candidat. En histoire naturelle, on ne sait bien que ce que l'on peut dessiner. Un coup de rasoir peut être favorable ; mais une bonne coupe demande à être interprétée, et la représentation des points observés peut seule montrer que l'élève a compris et que son jugement repose sur des faits précis.

L'élève ne doit jamais négliger la forme. Il ne suffit pas de faire avec soin des croquis, il faut les grouper de façon à présenter à l'œil un ensemble satisfaisant. Les premières études préparent aux travaux originaux. Il faut donc, dès le début, s'habituer à bien faire.

PREMIÈRE SÉRIE

ORGANES VÉGÉTATIFS DES ANGIOSPERMES

I

DES COUPES

A. Préparation de l'objet. — La méthode fondamentale qui permet de pénétrer la structure végétale est celle des **coupes** ; elle a pour but de débiter la partie en tranches minces qui peuvent être examinées par transparence.

L'élève pourra faire les coupes à main levée ou en se servant du microtome. Dans ce qui va suivre, nous supposons que le premier procédé est seul employé. Pour la technique de l'emploi du microtome, nous renvoyons l'élève aux indications que nous avons données en traitant des méthodes de préparation. Il est bon de ne recourir à ce procédé qu'après avoir acquis la dextérité nécessaire pour pratiquer les coupes à main levée, dans les meilleures conditions. Les tiges et racines sont débitées en tronçons de 2-3 cent. de long. Pour la feuille, on détache sa partie moyenne par deux incisions latérales parallèles au rachis, et l'on réserve cette partie centrale que l'on divise aussi en tronçons de même longueur, comprenant la nervure médiane et deux prolongements du limbe.

Les manipulations se rapportant à ces parties sont ainsi divisées :

a. **Coupe transversale de la tige et de la racine**. — Les pièces à couper sont en général d'une grosseur suffisante pour être facilement maniées ; cependant il est des cas où les axes sont d'une grande ténuité et nécessitent une préparation spéciale. Dans ce dernier cas, divisez longitudinalement avec le scalpel un morceau de **moelle de sureau** ; tracez à l'aide du manche de l'aiguille une dépression longitudinale sur la face plane d'un des demi-cylindres de sureau ainsi obtenus. Placez dans cette dépression quatre ou cinq tronçons de l'axe destiné à la coupe, en orientant ce faisceau suivant l'axe longitudinal du sureau. Recouvrez avec le second demi-cylindre de sureau. Placez à la périphérie quelques tours de fil solide et plongez le tout dans un bocal d'eau alcoolisée. La moelle de sureau se gonfle autour des objets, fait pour ainsi dire corps avec eux ; dès lors on est en possession d'une masse présentant à la main les conditions nécessaires. — *Une coupe transversale doit être faite exactement perpendiculaire à l'axe ;* c'est là la condition fondamentale de la réussite de l'opération.

b. **Coupe transversale de la feuille**. — La feuille est toujours enfermée entre deux demi-cylindres de sureau : une petite dépression sert à loger la nervure médiane ; on opère comme pour la tige et la racine, et la coupe doit être perpendiculaire à l'axe du rachis.

c. **Coupe longitudinale de la tige et de la racine**. — Une semblable coupe est radiale ou tangentielle, pratiquée suivant le rayon ou perpendiculairement au rayon. La coupe radiale est la seule utile dans la plupart des cas.

Si le tronçon est volumineux, on le coupe longitudinalement en deux parties égales, et chaque partie est divisée à son tour en deux : le quart ainsi obtenu est soumis à la coupe. Dans le cas de tiges et racines ténues, on agit sur l'ensemble. Il est presque toujours impossible de tenir entre les doigts l'objet pour une coupe longitudinale, il faut avoir recours au sureau. On trace, dans les deux faces planes des demi-cylindres obtenus par section longitudinale d'un morceau de cette moelle, deux encoches transversales perpendiculaires à l'axe. On pince l'objet préparé dans cette encoche et on fixe le tout à l'aide d'un fil et de l'eau alcoolisée comme précédemment.

B. **Maniement du rasoir**. — Le rasoir est placé sur le *cuir ;* on le pousse, le dos en avant, en l'éloignant du corps, on le retourne pour le ramener au corps dans la même position et l'on répète plusieurs fois ce mouvement alternatif de va-et-vient. On *repasse* ainsi le rasoir. On enlève le morfil en passant obliquement le tranchant de la lame sur la paume de la main, comme le font les coiffeurs. Essayer le ra-

TROISIÈME PARTIE

MANIPULATIONS ORGANOGRAPHIQUES — FAMILLES
DES PHANÉROGAMES ANGIOSPERMES

I

INSTRUMENTS

Pour les dissections, la **trousse** sera réduite à son minimum :

Un flacon court, à large ouverture, tapissé par un morceau de drap huilé (huile de vaseline) recevra les instruments :

Deux pinces fines. — Deux pinces plus fortes.

Une paire de ciseaux fins, droits.

Une paire de ciseaux forts, droits.

Deux aiguilles emmanchées.

Deux aiguilles à dissection terminées par une lame triangulaire, à bords tranchants.

Deux scalpels.

Les pinces seront flexibles, à pointes exactement opposées, les plus petites à extrémités aiguës et lisses, les plus grosses à pointes mousses, munies en dedans de cannelures pour assurer la prise.

Les ciseaux à lames droites, pointues. On choisira pour l'articulation des lames la disposition en baïonnette qui permet la désarticulation et donne au nettoyage plus de facilité.

Les aiguilles à dissection et de fins scalpels sont très nécessaires. Les premières, avec leur tranchant triangulaire terminal, permettent de couper sous la loupe les plus petits objets. Les scalpels plus gros se prêtent aux coupes de parties résistantes et volumineuses.

Sur une pelote, remplie de poudre d'émeri : des épingles et des aiguilles à tête de cire ou de verre.

La loupe à dissection (fig. 10) remplace le microscope dans ces manipulations. Un **porte-doublets à miroirs** (fig. 11) suffit pour les dissections botaniques. Il sera, si possible, muni d'accoudoirs qui permettent de poser les mains pendant le maniement des aiguilles. Deux **loupes-doublets**, l'une de 10 millimètres, l'autre de 5 millimètres, se fixent dans l'anneau et sont mus par une crémaillère pour la mise au point.

GIROD. — *Manip. Bot.*   5

Une **loupe à main**, à deux verres, montée en buffle, est nécessaire pour les observations rapides, pour la détermination des végétaux et leur examen pendant l'excursion.

II

CONSEILS GÉNÉRAUX

L'étude d'une famille végétale comprend l'examen détaillé et successif de types qui donnent, par comparaison, les caractères distinctifs de la famille.

C'est de la fleur que sont tirés les caractères les plus importants, mais les organes végétatifs fournissent de leur côté des éléments nécessaires à une détermination précise.

L'embryon donne, par la présence d'un cotylédon ou de deux cotylédons, le caractère fondamental qui oppose les **Angiospermes Monocotylédones** aux **Angiospermes Dicotylédones**.

La forme du réceptacle et ses rapports avec le gynécée permettent d'établir des variétés diverses dans l'ordonnance générale de la fleur :

Si le **réceptacle** est **convexe**, le gynécée s'insère au sommet du réceptacle et toutes les autres parties, calice, corolle, étamines, s'insèrent au-dessous : **fleur hypogyne**.

Si le **réceptacle** est **concave**, le gynécée s'insère au fond de la coupe réceptaculaire, et les autres parties, calice, corolle, étamines, sur le bord de la coupe ; — deux cas se présentent :

L'ovaire reste libre dans la coupe, il est dit supère, **la fleur** est **périgyne** ; l'ovaire est adhérent à la paroi de la coupe, il est dit infère, **la fleur est épigyne**.

Ces caractères étant définis, on commencera l'étude détaillée des parties de la fleur : passant en revue les caractères du calice, de la corolle, des étamines, du gynécée et des ovules qu'il protège, et après la fécondation, du fruit et de la graine. On poursuivra par l'examen de l'inflorescence, de la tige et des rameaux, des feuilles et des racines.

L'étude ainsi faite d'une plante donnée permet d'arriver facilement à sa détermination et de lui assigner sa place dans la **classification générale**.

III

DISSECTION DE LA FLEUR

La **fleur** soumise à la dissection et dont on veut dessiner les parties constituantes doit être tout d'abord **orientée**. La fleur solitaire, ou comprise dans une inflorescence, naît à l'aisselle d'une feuille ou d'une bractée, portée par l'axe ; la fleur est donc comprise entre l'axe et la bractée. On distingue comme partie antérieure celle qui regarde la feuille ou la bractée, et comme partie postérieure celle qui regarde l'axe sur lequel la fleur est née. Pour conserver cette orientation il est nécessaire de marquer d'un trait d'encre longitudinal la région du pédoncule qui correspond au milieu de la bractée ; la fleur est alors détachée.

L'élève prépare alors une **lame de liège** à surface blanche. Il marquera sur cette surface une ligne droite sur laquelle il indiquera par un petit cercle, l'axe ; par un point, le centre de la fleur ; par deux lignes convergentes en demi-lune, la position de la bractée. Autour du centre de la fleur, il tracera avec le compas, des circonférences espacées, en nombre correspondant au nombre des verticilles floraux.

Prenant alors de la main gauche le pédoncule floral préalablement orienté, il détachera successivement les parties constituantes du calice, de la corolle, de l'androcée et du gynécée, et les fixera sur le liège à l'aide d'épingles, en conservant à chaque pièce sa position exacte par rapport à l'axe et à la bractée florale.

IV

DESSIN DE LA PRÉPARATION

Cette dissection minutieuse étant faite, l'élève commencera par dessiner les caractères particuliers de chaque verticille, représentant successivement un sépale, un pétale, une étamine, un pistil, insistant sur les particularités qu'ils présentent, les groupant s'il s'agit de calice gamosépale ou de corolle gamopétale, multipliant les croquis pour les pièces irrégulières ou asymétriques d'une fleur de cette nature. L'élève se familiarisera ainsi avec l'allure des parties constituantes de la fleur, qu'il pourra désormais grouper pour établir le port, le diagramme et la coupe de la fleur.

a. Le **port** est la reproduction de l'aspect extérieur d'une fleur, orientée par rapport à sa bractée et projetée sur un plan vertical. On représentera toutes les parties visibles dans cette position.

b. Le **diagramme** ou **plan** est la projection horizontale de la fleur. La dissection précédemment faite permet de l'établir facilement. Il suffit de remplacer sur les circonférences concentriques tracées autour du centre de la fleur, les pièces florales par des signes conventionnels. Les sépales et les pétales sont indiqués par des signes semi-lunaires, représentant leur coupe transversale ; on distinguera les premiers par des hachures ou une teinte verte ; laissant les seconds sans hachures ou leur donnant la coloration de la corolle. L'étamine est représentée par la coupe transversale de l'anthère ; on peut ainsi indiquer sur les loges les lignes de déhiscence et désigner la position extrorse ou introrse de l'étamine. Le gynécée est coupé dans la région ovarienne ; on peut ainsi montrer la disposition des feuilles carpellaires, la placentation, les rapports des ovules.

c. La **coupe** est la section verticale de la fleur par un plan de symétrie passant par le milieu de la bractée et par l'axe. La fleur est en général symétrique — qu'elle soit régulière ou irrégulière — aussi le dessin de la moitié de la fleur suffit. Dans quelques fleurs asymétriques (*Fumaria*, *Corydalis*, *Canna*, etc.) il faut dessiner les deux moitiés différentes de la fleur. Le dessin de la coupe est facilité par l'examen du diagramme. En tirant une ligne qui passe par le centre de l'axe, le centre de la fleur et le milieu de la bractée, on coupe le diagramme en deux moitiés. En plaçant une bande de papier sur l'une des moitiés, il reste la partie à représenter. On se rend ainsi un compte exact des sépales, pétales, étamines rencontrés par le plan de coupe, on saisit la position exacte de ces parties restées en place, et l'on a la section précise des parties de l'ovaire, loges et cloisons, avec la plus grande exactitude. En suivant sur la coupe de la fleur ces particularités relevées sur le diagramme, l'élève peut facilement établir le dessin de la coupe, sans hésitation, en donnant à toutes les parties leur valeur réelle.

Le **port de la plante** et l'**inflorescence** sont reproduits dans leurs traits essentiels et caractéristiques. L'élève n'a qu'à copier sur nature l'allure de la tige et de la racine, la disposition des feuilles, le groupement des fleurs. Il ne s'agit pas ici d'un dessin artistique, fait à grands coups, avec des clairs et des ombres à effet ; l'exactitude du dessin prime tout le reste : les **feuilles** doivent occuper leur place exacte, les fleurs doivent conserver leurs rapports naturels : on ne doit oublier ni les **stipules**, ni les **bractées**, ni les **racines adventives**, ni les **radicelles** et mettre toutes les parties en place avec la plus rigoureuse exactitude.

DICOTYLÉDONES

GAMOPÉTALES A RÉCEPTACLE CONVEXE.

Solanacées.

Fig. 1. Le Tabac (*Nicotiana Tabacum*) est une herbe à **feuilles alternes**, entières, **sans stipules**, à fleurs disposées en **grappe de cymes**.

Fig. 2. La fleur est grande. Le **calice** herbacé, persistant, est **gamosépale**, partagé en 5 dents triangulaires, terminales. La **corolle**, d'un beau rose, dépasse longuement le calice : elle est **gamopétale**. Elle commence par un tube cylindrique, se dilate en coupe campanulée et s'étale en 5 lobes triangulaires.

Fig. 3. Si l'on fend longitudinalement la corolle, on découvre **5 étamines alternipétales**, qui alternent avec les lobes de la corolle, et s'insèrent sur son tube. Les filets allongés, légèrement inégaux, se terminent chacun par une anthère biloculaire, introrse, à déhiscence longitudinale. Le **pistil** comprend un **ovaire** ovoïde, surmonté par un style grêle, un peu moins long que les étamines, qui se termine par un stigmate, verdâtre, bilobé.

Fig. 4. Le diagramme ou plan de la fleur met en relief l'alternance des verticilles successifs de la fleur qui est construite sur le type 5, à l'exception du pistil.

Fig. 5. La coupe transverse de l'ovaire montre que **2 feuilles carpellaires** entrent dans sa constitution; chacune d'elles se ferme et se soude à sa voisine, formant un **ovaire à deux loges** et, sur la cloison de séparation, se dresse dans chaque loge un épais **placenta axile**, couvert d'ovules **anatropes**.

Fig. 6. La coupe longitudinale montre, en hauteur, la disposition des deux loges et la saillie ovoïde des placentas.

Fig. 7. Le fruit est sec, enveloppé par le calice persistant; c'est une **capsule** qui, à la maturité, s'ouvre d'abord par une ligne de déhiscence passant dans la cloison, **déhiscence septicide**, et chaque loge ainsi disjointe se partage supérieurement en deux valves par **déhiscence loculicide**.

Fig. 8. Les **graines** sont petites, nombreuses, anatropes. A la coupe, elles sont couvertes d'un réticulum de côtes sinueuses.

Fig. 9. Coupée longitudinalement, la graine montre un tégument épais, un **albumen** et un embryon droit.

Toutes les Solanacées sont construites sur le type du Tabac. Les principaux genres ne se distinguent que par la nature et l'organisation de leur fruit.

Fig. 10. Le Datura (*Datura Stramonium*), avec sa grande corolle blanche

en entonnoir, est caractérisé par sa **capsule** hérissée de pointes, dite **pomme épineuse.** Des fausses cloisons divisent chaque loge en deux logettes. C'est de chaque côté de ces cloisons et fausses cloisons que des lignes de déhiscence se montrent, détachant 4 valves qui laissent les placentas en place contre l'axe. Cette déhiscence qui ne se fait ni dans les cloisons, ni dans les loges, mais de chaque côté des cloisons, se nomme **septifrage.**

Fig. 11-12. La Jusquiame (*Hyoscyamus niger*) a au contraire une **capsule** qui s'ouvre par déhiscence transversale. C'est une **pyxide** ou boîte à savonnette, dont le couvercle se détache pour mettre les graines en liberté.

Fig. 13. Avec la même fleur, la Belladone (*Atropa Belladonna*) a un fruit charnu, sans noyau; c'est une **baie** reposant sur la collerette formée par le calice persistant.

Fig. 14. A cette série appartiennent l'Alkékenge (*Physalis Alkekengi*) dont la **baie** est enveloppée du grand calice accru, enflé et coloré en rouge, et les espèces du genre Solanum, **S. Dulcamara** ou Douce amère, **S. nigrum** ou Morelle noire, **S. edule** ou Aubergine, **S. tuberosum** ou Pomme de terre, **S. Lycopersicum** ou Tomate.

Scrofulariacées.

Fig. 15. La Gueule de Lion (*Antirrhinum majus*) est, par l'ensemble de son organisation, une véritable Solanacée. Cependant sa **corolle irrégulière, personnée,** ayant une lèvre supérieure bilobée, et une lèvre inférieure, a trois lobes, se soulevant en voûte pour fermer la gorge du tube, lui donne une allure spéciale; de plus, l'irrégularité de la corolle s'accompagne de l'avortement d'une étamine; la fleur n'en contient plus que quatre, deux grandes et deux petites, dites, pour cette raison, **didynames.**

Fig. 16-17-18-19. Le **fruit** sec, capsulaire, s'ouvre par des pores au sommet: il est à deux loges et ses nombreuses graines à surface hérissée, sont aussi albuminées, à embryon droit.

Fig. 20. Les Linaires (*Linaria vulgaris*) ne se distinguent que par l'éperon qui prolonge leur corolle.

Fig. 21. Dans la Digitale (*Digitalis purpurea*), la corolle perd l'aspect personné et devient tubuleux.

Fig. 22. Dans la Véronique (*Veronica prostrata*), la corolle devient rotacée et, par soudure de deux pétales, semble construite sur le type 4; les étamines se réduisent à deux.

Les Scrofulariacées se présentent ainsi comme étroitement liées aux Solanacées; elles peuvent être définies : **des Solanacées à corolle irrégulière et à étamines didynames.**

Primulacées.

Fig. 1. La Primevère (*Primula officinalis*) a la **corolle gamopétale** comme les Solanacées, dont elle se rapproche par ce caractère. Le **calice** est **gamosépale** à 5 divisions ; la **corolle** est aussi à 5 divisions.

Fig. 2. Si l'on fend la corolle, on voit, s'insérant sur son tube, **5 étamines**, mais ces étamines au lieu d'être **alternipétales** sont **oppositipétales**, chacune correspondant au centre d'une des divisions de la corolle. Le pistil ovoïde, surmonté d'un style grêle, occupe le centre de la fleur.

Fig. 3-4. Ce pistil fournit, avec les **étamines oppositipétales**, les caractères essentiels de la famille. Son ovaire n'a qu'une loge, et, au centre de cette loge, se dresse un **placenta central libre**, couvert d'**ovules anatropes**. Cet ovaire devient une **capsule**, s'ouvrant par 5 dents terminales.

Fig. 5. Le diagramme met en évidence la position des étamines et montre l'indépendance du placenta dans la loge ovarienne.

Fig. 6. Le Mouron (*Anagallis arvensis*) constitue un second type de cette famille.

Fig. 7. Sa fleur présente les mêmes caractères généraux : calice à 5 divisions, corolle gamopétale à 5 lobes, 5 étamines oppositipétales, pistil avec ovaire à placentation centrale.

Fig. 8-9. La différence est dans le mode de déhiscence de la capsule, qui est transversale, ce qui donne une **pyxide** semblable à celle de la Jusquiame.

Boraginacées.

Fig. 10. La Bourrache (*Borago officinalis*) est comme le Tabac et la Primevère, construite sur le type 5. **Calice** à 5 divisions, **corolle gamopétale** à 5 divisions ; chaque division porte à sa base un repli saillant alterne avec les étamines ; 5 **étamines**, insérées sur la corolle, **alternipétales** comme dans les Solanacées.

Au centre, un **pistil à quatre loges**, avec **style gynobasique**.

Fig. 11. Le diagramme met en évidence ces particularités.

Fig. 12. L'étamine a un filet prolongé en arrière par un long appendice ; elle est biloculaire, à déhiscence longitudinale.

Fig. 13. Le pistil, caractéristique des Borraginées, a un ovaire à quatre logettes arrondies, saillantes, formant 4 mamelons accolés : au centre de ces mamelons s'enfonce le style, unique, qui s'insère à la base de ces mamelons et est dit pour cette raison **gynobasique** : le stigmate est bilobé.

Fig. 14. Chaque mamelon ne contient qu'un seul ovule ; la coupe met en évidence, dans chaque logette l'**ovule anatrope** et montre l'insertion gynobasique du style.

Fig. 15. La fleur de toutes les Borraginées est construite sur le même type ; seule, la forme de la corolle varie, c'est ainsi que dans la Grande Consoude (*Symphytum officinale*) la corolle représentée devient tubuleuse.

Fig. 16. L'inflorescence des Borraginées est la **cyme scorpioïde**, très nettement caractérisée dans le Myosotis représenté (*Myosotis palustris*). Les feuilles des Borraginées sont **alternes.**

Labiacées.

Fig. 17. Le Lierre terrestre (*Glechoma hederacea*) est une des plantes les plus communes de cette famille. Les feuilles sont **opposées** et les fleurs groupées en **cymes contractées** à l'aisselle des feuilles.

Fig. 18. Ces fleurs ont la corolle **gamopétale** irrégulière, **bilabiée**, avec une lèvre supérieure à 2 divisions et une lèvre inférieure à 3.

Fig. 19. Le diagramme montre que, en dedans de cette corolle s'insèrent **4 étamines, didynames,** deux longues et deux plus courtes. Cette disposition est identique à celle observée dans les Scrofulariacées. Au centre de la fleur se trouve un pistil de Borraginacée, avec **4 mamelons et style gynobasique.** On peut de ce fait déduire que les Labiées sont des Borraginées irrégulières, de même que les Scrofulariacées sont des Solanacées irrégulières.

Fig. 20. L'examen du pistil met en évidence les rapports qui le rapprochent de celui des Borraginées. On retrouve les 4 mamelons au centre desquels s'enfonce le style gynobasique. Chaque mamelon comprend une logette et ne contient qu'un seul ovule anatrope.

Fig. 21. La **graine** des Labiées, comme celle des Borraginées, est dépourvue d'albumen : **exalbuminée.**

Fig. 22. Certaines Labiées n'ont que **2 étamines** ; c'est le cas des Sauges et Romarins; la coupe de la fleur du Romarin (*Rosmarinus officinalis*), pratiquée d'avant en arrière, montre, dans chaque moitié, l'étamine unique s'insérant sur la face interne correspondante de la fleur.

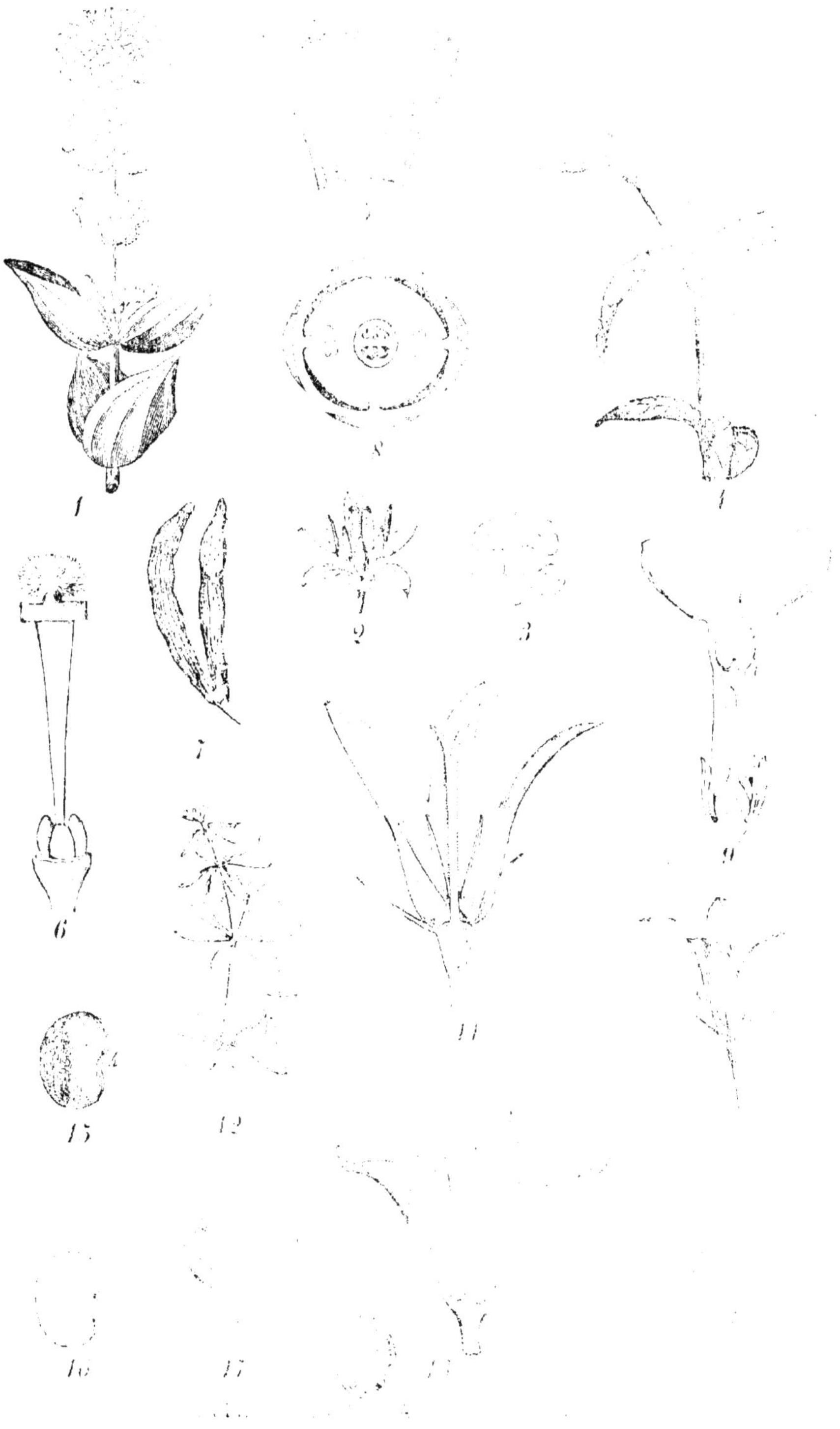

1
8
4
6
7
9
3
2
11
15
12
13
16
17

Gentianacées.

Fig. 1. La Gentiane jaune (*Gentiana lutea*) est le type de cette famille. C'est une herbe vivace, à racine épaisse, à tige dressée atteignant un mètre. Les feuilles sont opposées, à grandes nervures longitudinales ; c'est dans l'aisselle des supérieures que se groupent, en cymes contractées, de nombreuses fleurs.

Fig. 2. La **fleur** est **hypogyne**, comme dans les Solanacées, dont elle présente l'organisation générale : **corolle gamopétale**, à 5 lobes profonds : **5 étamines, alternipétales, pistil** globuleux à style apical, terminé par deux branches stigmatiques.

Fig. 3. Ce qui donne aux Gentianacées leur caractéristique, c'est l'**ovaire** qui n'a qu'**une seule loge** et porte, sur deux **placentas pariétaux**, de nombreux ovules anatropes. Cet ovaire devient une **capsule**.

Apocynacées.

Fig. 4. La Pervenche (*Vinca minor*) est une plante herbacée, à feuilles opposées, à fleurs solitaires. La fleur rentre dans le type général décrit : **calice** à 5 divisions, **corolle gamopétale**, à limbe divisé en 5 lobes **tordus, non symétriques.**

Fig. 5. La corolle fendue montre, s'insérant à sa gorge, **5 étamines**, à filet court, à anthère biloculaire, surmonté par un lobe arrondi, pilifère, du connectif.

Fig. 6. Le **pistil** est caractéristique : il comprend **2 ovaires distincts, reliés par leurs styles**, qui convergent et s'unissent en une colonne qui va se renflant pour supporter une tête stigmatique en forme de chapiteau.

Fig. 7. A la maturité, la colonne stylaire disparaît et chaque ovaire donne un fruit sec, distinct, qui se fend suivant la suture ventrale et s'étale pour laisser échapper les graines. Il y a donc **deux follicules** dans chaque fleur. Le Laurier-rose (*Nerium Oleander*) a ses fleurs disposées comme celles de la Pervenche. Cette disposition se retrouve dans les **Asclépiadacées**, famille très voisine qui ne se distingue que par son pollen qui, au lieu d'être pulvérulent, formé de grains séparés, est, au contraire, réuni, agglutiné en **masses polliniques.**

Oléacées.

Fig. 8. La famille de l'Olivier, du Lilas, des Frênes, des Jasmins, se distingue des précédentes par la construction de sa fleur sur le **type 4**, et par le nombre des étamines qui est de 2. Le diagramme montre le **calice à 4 divisions**, la **corolle gamopétale** à **4 divisions**, les **2 étamines**, et les **2 loges de l'ovaire** contenant chacune **2 ovules anatropes.**

Fig. 9. La coupe longitudinale de la fleur du Lilas (*Syringa vulgaris*) permet de saisir l'insertion de l'étamine correspondante sur le tube de la corolle, et la forme du pistil surmonté par un style, avec deux branches stigmatiques. Dans le Lilas, l'ovaire biloculaire devient une **capsule loculicide**. Ce fruit est une **baie** dans les Troènes et une **drupe** dans les Oliviers. La corolle devient **polypétale** dans les Frênes à fleurs (*Fraxinus Ornus*); elle disparaît dans le Frêne commun (*Fraxinus excelsior*) qui devient ainsi un type **apétale** de la famille.

GAMOPÉTALES A RÉCEPTACLE CONCAVE

Campanulacées.

Fig. 10. Les Campanules (*Campanula Rapunculus*) sont **gamopétales**; la **corolle** présente 5 lobes triangulaires, le **calice** a 5 divisions aiguës, mais, entre le pédoncule et l'insertion de ces pièces, se montre le **réceptacle concave**.

Fig. 11. La coupe de la fleur montre la concavité du réceptacle qui contient l'**ovaire**, à 3 loges, chaque loge portant en **placentation axile** de **nombreux ovules anatropes**. Les **5 étamines** s'insèrent, avec le calice et la corolle, sur les bords du réceptacle.

Rubiacées.

Fig. 12. Les Rubiacées indigènes sont représentées par les Gaillets et la Garance. Elles sont caractérisées (*Galium Mollugo*) par leurs tiges herbacées et leurs **appendices foliaires** (feuilles et stipules foliiformes) en **verticilles**, tandis que les Rubiacées exotiques ligneuses (Caféiers, Ipécacuanhas, Quinquinas, etc.) ont les feuilles opposées, avec stipules dits **interpétoliaires**, parce que les deux stipules d'une feuille se soudent avec les stipules de la feuille opposée, réunissant les deux pétioles.

Fig. 13. La fleur de la Garance (*Rubia tinctorum*) est construite sur le type 5; calice à 5 divisions, **corolle gamopétale** à 5 lobes aigus, **5 étamines** alternes, insérées sur la corolle, mais ce qui est caractéristique et mis en évidence sur la coupe longitudinale de la fleur, c'est que ces parties s'insèrent sur les bords d'une coupe formée par le **réceptacle concave**. C'est dans cette coupe qu'est enfermé l'**ovaire** à 2 loges, chaque loge contenant un **ovule campulitrope**. L'ovaire est soudé à la coupe réceptaculaire; seul, le style à deux branches fait saillie dans la fleur. Cette forme du réceptacle et cette soudure déterminent la fleur comme **épigyne**, ce qui l'oppose à toutes les familles à fleurs **hypogynes**, étudiées précédemment.

Fig. 14. Le fruit de la Garance est une **baie**.

Fig. 15-16. La graine campulitrope est **albuminée**.

Fig. 17. Le fruit des Gaillets (*Galium Mollugo*) est sec, formé de deux loges indéhiscentes, à une seule graine, qui se séparent à la maturité; c'est un **di-achaine**. Ces caractères du fruit séparent les deux genres.

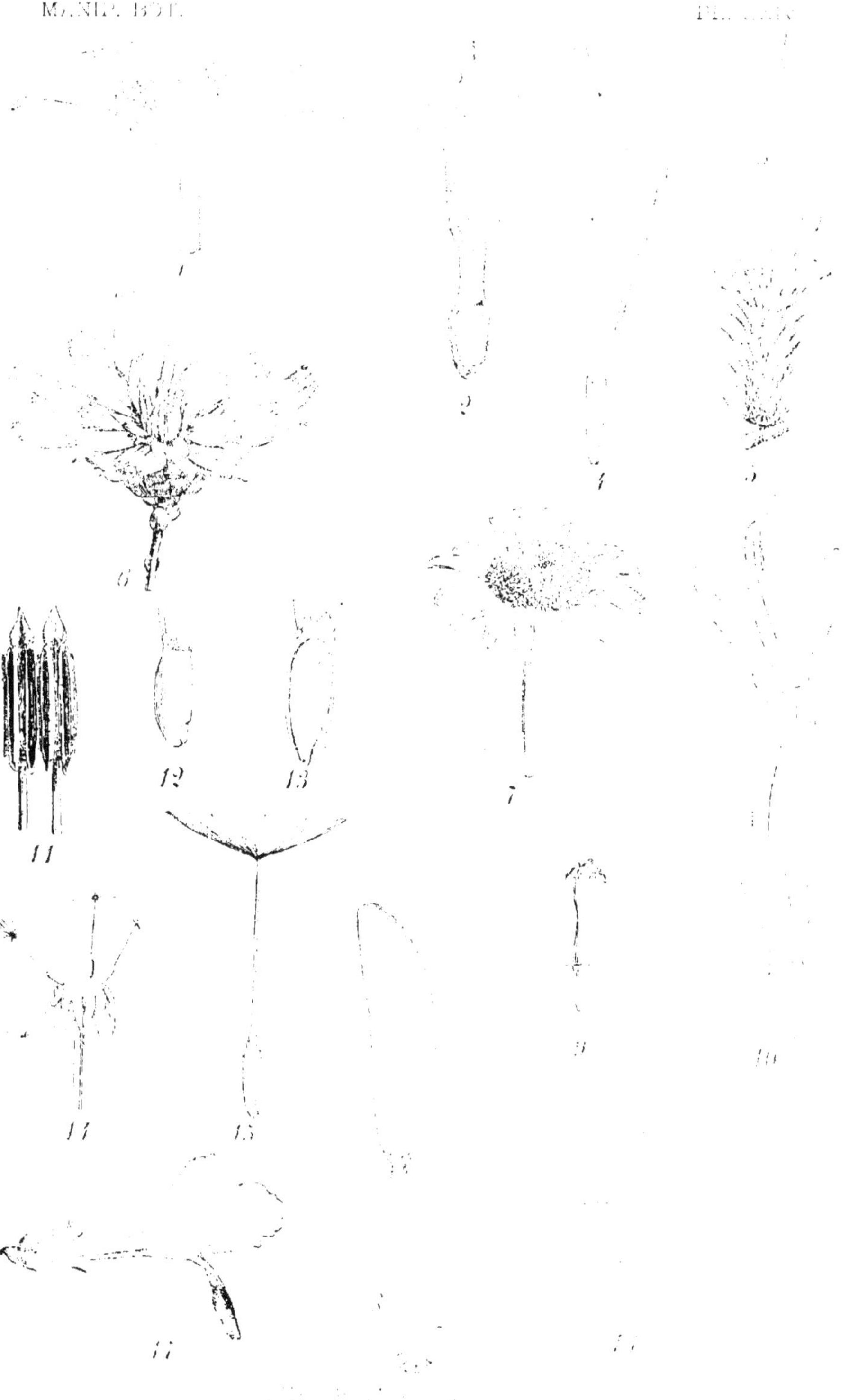

Composées.

Fig. 1. Les Composées sont caractérisées par leur inflorescence, le **capitule**, qui se présente comme formé par un grand nombre de petites fleurs (fleur composée) massées sur un **réceptacle commun** ou **clinanthe**. Ce réceptacle est l'extrémité de l'axe de l'inflorescence ; il s'étale pour porter d'abord une collerette, formée par les bractées florales, l'**involucre**, et les nombreuses fleurs dont les plus âgées sont à la périphérie, les plus jeunes au centre. Les Capitules sont variables d'aspect suivant la forme des fleurs qui entrent dans leur composition. Ces différences sont dues aux formes variées de la corolle.

Fig. 2. La fleur typique est la fleur à **corolle tubuleuse, tubuliflore**, qu'on appelle un **fleuron**. Dans une telle fleur, l'insertion se fait directement sur le clinanthe, sans pédoncule intermédiaire, la fleur est donc **sessile**. Le réceptacle de chaque fleur est concave, comme dans les Rubiacées. Sur les bords de la coupe s'insèrent : un **calice**, plus ou moins saillant à 5 divisions ; une **corolle gamopétale, tubuleuse**, à 5 divisions alternes.

Fig. 3. Ailleurs, la corolle se fend longitudinalement sur sa face ventrale et se déjette en arrière, formant une **ligule** horizontale ; la fleur à **corolle ligulée, liguliflore**, est appelée depuis Tournefort : **semi-fleuron**.

Fig. 4. Dans quelques formes exotiques, deux fentes longitudinales, latérales divisent la corolle en deux lèvres ; elle devient ainsi **bilabiée, labiatiflore**.

Fig. 5. Le capitule peut n'être formé que de **fleurons** ou **fleurs à corolle tubuleuse**. Il caractérise alors une première division des Composées : les **Flosculeuses** ou **Tubuliflores** qui comprennent l'ensemble des **Carduacées**.

Fig. 6. Le capitule peut, au contraire, n'être formé que de **semi-fleurons** ou **fleurs à corolle ligulée**. Il caractérise une série parallèle à la précédente formant la division des **Semi-flosculeuses** ou **Liguliflores**, qui comprennent l'ensemble des **Chicoracées**.

Fig. 7. A ces formes de capitules s'opposent le capitule dont le centre est formé de **fleurons** et la périphérie de **semi-fleurons**. La Marguerite (*Leucanthemum vulgare*) présente cette disposition, ayant un cœur de fleurons jaunes, et un cercle de semi-fleurons blancs, enveloppants. La coupe donnée (fig. 1) permet de bien comprendre cette disposition qui caractérise la division des **Radiées**.

Fig. 8-9. La dissociation d'un tel capitule permet de détacher la couronne des grands **semi-fleurons blancs**, 8, et d'étudier les **fleurons jaunes**, 9, du bouton central.

Fig. 10. Quelle que soit la forme de la corolle, l'organisation reste fondamentalement la même. Sur le tube de la corolle s'insèrent **5 étamines** alternes avec les divisions de la corolle. Ces étamines sont réunies, par la soudure de leurs anthères, en un tube au milieu duquel sort l'extrémité du style. Cette **soudure des anthères** est spéciale aux fleurs des **Composées**, d'où le nom de **Synanthérées** donné à cette famille. Le style est bifide à son extrémité libre ; il repose par sa base sur un **ovaire à une loge**, enfermé et adhérent dans la coupe réceptaculaire, ne contenant qu'**un seul ovule anatrope**.

Fig. 11. L'ouverture du tube staminal montre la disposition des anthères soudées bord à bord, qui sont introrses, biloculaires, à déhiscence longitudinale.

Fig. 12. A la maturité, l'ovaire devient un fruit sec, monosperme, indéhiscent, à péricarpe indépendant du spermoderme ; c'est un **achaine** ; le calice transformé forme une **aigrette**, au sommet du fruit.

Fig. 13. Le fruit ne contient qu'une seule graine remplie par l'embryon et dépourvue d'albumen, **exalbuminée**.

Fig. 14. Dans les Pissenlits (*Taraxacum officinale*) les achaines sont surmontés d'une **aigrette stipitée**, c'est-à-dire portée par un pied.

Fig. 15. Ce pied est dû à l'allongement de la partie supérieure du réceptacle qui s'effile en une soie grêle terminée par l'aigrette rayonnante.

Dipsacées.

Fig. 16. Les Scabieuses (*Scabiosa atropurpurea*) ont, comme les Composées, pour inflorescence un **capitule**. Les fleurs sont de même groupées sur un réceptacle commun ou clinanthe, avec un involucre à la base.

Fig. 17. Mais ce qui distingue les Dipsacées, c'est que les **étamines** ont leurs **anthères libres d'adhérence** et que les étamines au lieu de s'unir en tube, divergent : ce ne sont donc pas des Synanthérées. On compte **4 étamines**, par avortement de la cinquième. Même **fruit** que dans les Composées.

POLYPÉTALES A RÉCEPTACLE CONVEXE

Renonculacées.

Fig. 1. Les Renoncules (*Ranunculus Lingua*) ont les rameaux aériens couverts de **feuilles alternes, sans stipules**. Les fleurs sont terminales, naissant à l'aisselle de larges bractées. Chaque fleur a un **réceptacle convexe**, sur lequel s'insèrent successivement : un **calice à 5 sépales**; une **corolle polypétale**, à 5 pétales distincts, alternes avec les sépales.

Fig. 2. Lorsqu'on a enlevé le calice et la corolle, on voit tout le sommet du réceptacle couvert d'abord d'une couronne de **nombreuses étamines** et, plus haut, de **nombreux pistils** distincts et séparés. Les **étamines** sont **biloculaires, extrorses**.

Fig. 3. Chaque **pistil** est globuleux, surmonté d'une crête stigmatique; il n'a qu'**une loge** et ne contient qu'**un seul ovule anatrope**. A maturité, il devient un fruit sec, monosperme, indéhiscent, l'**achaine**, et la **graine** unique est **albuminée**.

Fig. 4. Les rapports des parties de la fleur peuvent s'exprimer par un diagramme qui fait ressortir la disposition des sépales et des pétales imbriqués en **préfloraison quinconciale**, les étamines nombreuses auxquelles font suite, sur le centre, les nombreux pistils uni-ovulés.

Fig. 5. Les Anémones (*Anemone Pulsatilla*) se distinguent des Renoncules par l'enveloppe florale qui est formée d'**un verticille** unique de pièces colorées; c'est un simple **périanthe** qui semble correspondre à la corolle; en effet, le pédoncule floral porte une collerette ou **involucre** qui simule un calice distant de la corolle. Les étamines et les pistils sont disposés comme dans les Renoncules, les fruits ont la même organisation.

Fig. 6. Les Clématites (*Clematis Vitalba*) ont comme les Anémones une seule enveloppe florale.

Le périanthe est formé de quatre folioles qui se touchent bord à bord, dans le bouton en **préfloraison valvaire**; les étamines et les pistils sont disposés comme dans les types précédents, les fruits sont des achaines. Les Clématites se distinguent par leurs tiges sarmenteuses portant des feuilles opposées.

Renoncules, Anémones, Clématites constituent la série des **Renonculacées Achainées**, parce qu'elles ont pour fruits des **achaines**. A cette série s'oppose celle des **Renonculacées Folliculées** qui ont pour fruits des **follicules**.

Fig. 7. L'Ancolie (*Aquilegia vulgaris*) est le type régulier des Renonculacées folliculées.

Sur le **réceptacle convexe** s'insèrent : un **calice de 5 sépales** colorés en violet; une **corolle de 5 pétales**, ayant chacun la forme d'un cornet ter-

miné par un éperon contourné, de **nombreuses étamines extrorses** et
5 pistils allongés, se dressant au sommet du réceptacle.

Fig. 8. Chaque pistil est formé par une feuille carpellaire qui se ferme et
porte sur la suture ventrale un placenta couvert d'**ovules anatropes**, un
style grêle surmonte chaque ovaire. A la maturité, la feuille carpellaire qui
s'était fermée par soudure de ses bords, devient sèche, se fend longitudinalement suivant sa suture ventrale et s'étale pour laisser tomber les graines ;
un tel fruit est un **follicule**. Il y a donc 5 follicules (quelquefois plus) au
centre de la fleur.

Fig. 9. Dans les Hellébores (*Helleborus odorus*) le **calice** devient prédo-
minant, ses pièces se colorent et deviennent **pétaloïdes** ; en revanche, les
pétales s'atrophient et se distinguent à peine du groupe des étamines
extrorses qui enveloppent les pistils.

Fig. 10. Chaque pétale est un **cornet** court porté par un pied grêle. Les
pistils se comportent comme ceux de l'Ancolie et donnent des **follicules**.

Fig. 11. Les Nigelles (*Nigella damascena*) se comportent comme les Hellébores et appartiennent à la même section.

Fig. 12. Cependant les **pétales** sont plus développés ; ils sont bifides et se
terminent, par un double capuchon réuni par un pied grêle. Mêmes étamines. Les 5 pistils s'accolent et se soudent même, en un **pistil** **unique**,
mais à la maturité, les loges reprennent leur indépendance, pour devenir
des **follicules distincts.**

Fig. 13. Dans les Dauphinelles ou Pieds d'Alouette (*Delphinium Consolida*)
le calice et la corolle deviennent irréguliers par la constitution d'un **éperon**
qui se détache de la pièce dorsale du calice et dans lequel se prolongent les
deux pétales dorsaux de la corolle. La fleur devient ainsi **irrégulière**, par
ses enveloppes florales, mais la disposition des étamines des pistils et des
fruits reste la même que dans l'Ancolie.

Fig. 14. L'irrégularité atteint son maximum dans l'Aconit Napel (*Aconitum
Napellus*). Le **calice** est constitué par cinq pièces : une dorsale, en forme
de **capuchon**, deux latérales disposées en **ailes**, et deux inférieures plus
petites, divergentes.

Fig. 15. Si l'on enlève le capuchon, on met à découvert les deux pièces
dorsales de la corolle. On a comparé ces pièces à des colombes, ce qui a fait
donner à la fleur le nom de *Char de Vénus*. Ces pétales ont en effet un pied
grêle qui supporte une tête recourbée, se prolongeant par une aile dorsale.
Les 3 autres pétales sont de simples lanières violettes placées sous la masse
des étamines. Au milieu du cercle des nombreuses étamines se dressent les
pistils qui deviendront des **follicules.**

Fig. 16. Les Pivoines (*Pæonia officinalis*) ont l'allure générale des Renoncules, mais leurs fruits sont des **follicules.** Leurs étamines sont **introrses**
et leur **réceptacle légèrement concave**, elles marquent le passage vers
es Rosacées ; mais leurs feuilles restent **sans stipules** et leurs graines
sont albuminées.

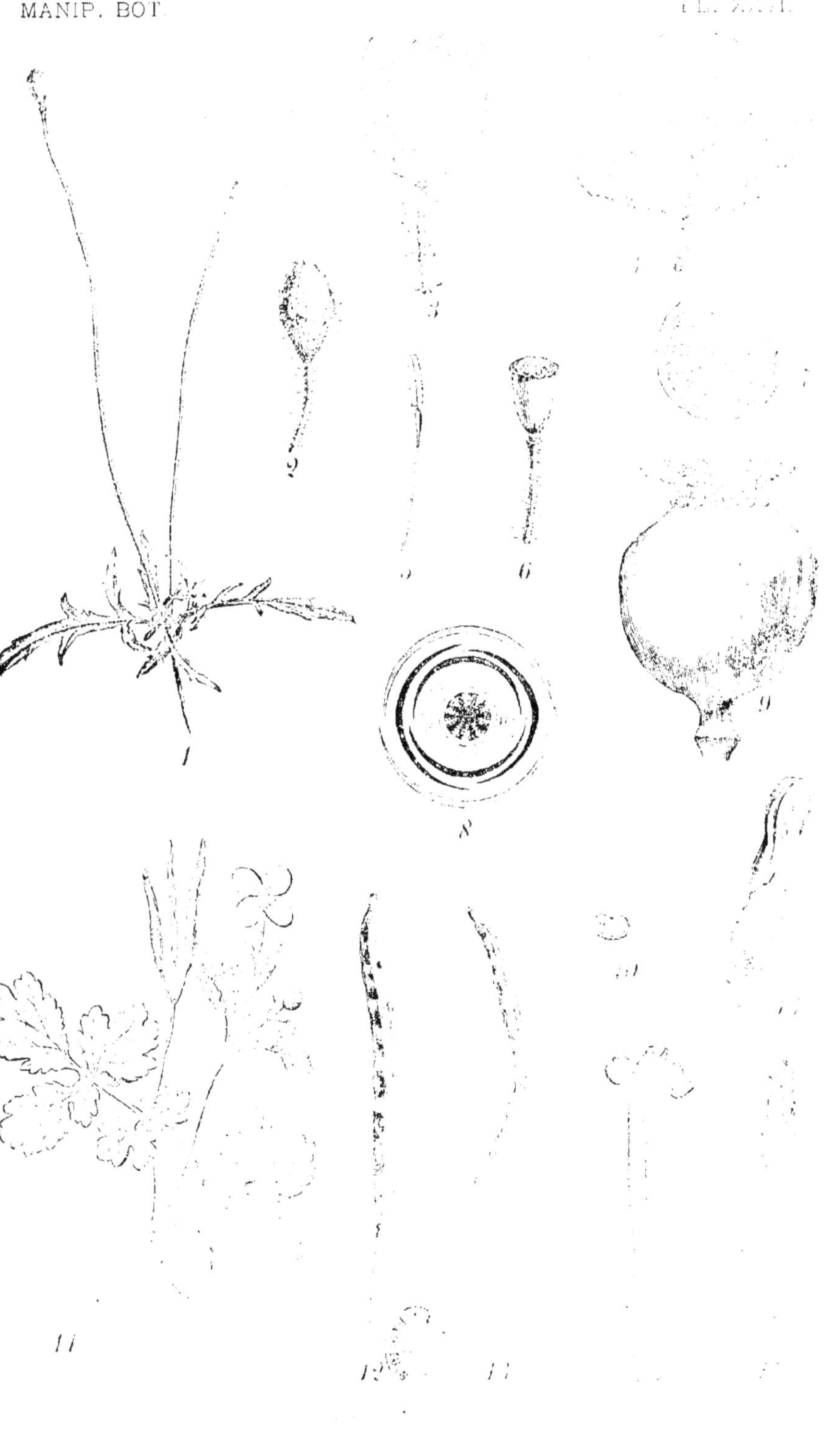

PLANCHE **XXVI**

Papavéracées.

Fig. 1. Le Pavot (*Papaver Rhœas*) est une plante annuelle dont la tige porte des **feuilles alternes**, profondément découpées, **sans stipules**. Les fleurs sont terminales et situées à l'extrémité d'un long pédoncule.

Fig. 2. Cette fleur, envisagée avant l'épanouissement, dans le bouton, présente un **calice à 2 sépales**, qui se détachent au moment de l'ouverture du bouton, ils sont **caducs**.

Fig. 3. La chute du calice montre les **pétales** rouges, **chiffonnés**, qui se déplissent et donnent les quatre lames rouges qui constituent la corolle.

Fig. 4. Sur la fleur épanouie, on voit que 2 des pétales sont extérieurs et enveloppent entièrement les 2 autres internes. Les **étamines** sont **nombreuses**, biloculaires, à déhiscence marginale. Le **pistil**, en forme de vase, à couvercle bombé, occupe le centre de la fleur.

Fig. 5. L'**étamine** détachée montre le filet très fin se renflant en massue pour porter l'anthère terminale.

Fig. 6. Le **pistil** est constitué par plusieurs feuilles carpellaires ; l'ovaire est ovoïde, rétréci au point d'attache, s'évasant insensiblement ; puis, il se rétrécit pour s'étaler en un toit qui est formé par la soudure des **styles**. Ce toit est très surbaissé, conique, divisé en autant de lames qu'il y a de feuilles carpellaires, et chaque lame porte une **bande stigmatique**, qui l'accompagne suivant le rayon.

Fig. 7. La coupe transverse du pistil montre que les feuilles carpellaires se sont soudées bord à bord, formant un **ovaire à une seule loge**. Dans cette loge s'avancent des **placentas pariétaux**, insérés à la ligne de soudure de deux feuilles adjacentes et faisant une forte saillie dans la loge. Ces placentas sont couverts sur les deux faces d'**ovules campulitropes**.

Fig. 8. Le diagramme de la fleur met en évidence la position des deux sépales, les rapports des deux verticilles de pétales, et la placentation pariétale de l'ovaire.

Fig. 9. Le **pistil** devient à maturité un fruit sec qui s'ouvre, au-dessous du chapiteau formé par le style, par une série de petites **valves** qui se projettent en bas et permettent la sortie des graines mûres ; c'est une **capsule valvicide**. L'ouverture de cette capsule montre les saillies internes des placentas desséchés, sur lesquels sont fixées les très petites graines.

Fig. 10. Ces graines sont **campulitropes** et **albuminées**.

Les Pavots rouges de nos moissons sont nommés Coquelicots. Le Pavot somnifère (*Papaver somniferum*) mérite une mention à part. Deux variétés doivent être signalées : la variété à graines blanches (*album*) et la variété à graines noires (*nigrum*). Le Pavot blanc est plus particulièrement cultivé pour l'**opium** qui est un latex obtenu par incision des capsules encore vertes. Le Pavot noir donne des graines à albumen très oléagineux, d'où l'on extrait l'huile d'œillette.

Fig. 11. La Chélidoine (*Chelidonium majus*) présente comme les Pavots des rameaux aériens à **feuilles alternes**. Lorsqu'on les brise, il en découle un latex d'un beau jaune, âcre et caustique. La fleur est celle des Pavots, avec un **calice** à **2 sépales** caducs, une **corolle** de **4 pétales** chiffonnés dans le bouton et de **nombreuses étamines** marginales. Le pistil seul diffère.

Fig. 12. Ce **pistil** est allongé, terminé par un style court et obtus. Il n'est constitué que par **2 feuilles carpellaires** soudées bord à bord. Il n'y a donc, comme dans les Pavots, qu'une loge unique dans l'ovaire, mais on ne trouve que **2 placentas pariétaux**, couverts d'**ovules campulitropes**. Ce pistil devient un **fruit** sec capsulaire.

Fig. 13. La déhiscence de ce **fruit** se fait par des lignes de déhiscence longitudinales qui, de chaque côté, longent les placentas. De cette façon **2 valves** latérales se détachent et laissent en place le cadre formé par les placentas et portant les graines. Ce fruit capsulaire, à **déhiscence septifrage**, prend le nom de **silique**, et il faut remarquer que le cadre placentaire est vide, les placentas n'étant pas reliés par une fausse cloison, comme il arrive dans les Crucifères.

Fig. 14. Les Fumeterres (*Fumaria officinalis*) et les Corydalis sont des Papavéracées à fleurs irrégulières, et ont été considérés comme formant la famille spéciale des Fumariacées. Dans ces végétaux, la fleur présente encore un **calice** à deux divisions, et une **corolle** à 4 pétales, mais ces pétales ne peuvent se superposer: ainsi, des deux pétales externes, l'un se prolonge en un éperon tordu, tandis que l'autre est dépourvu d'appendice; les deux internes plus petits ont la forme de cuillerons.

Fig 15. Les **étamines** participent de l'irrégularité de la fleur, elles sont typiquement au nombre de 4, mais deux d'entre elles se dédoublent et les semi-étamines ainsi constituées viennent s'accoler deux à deux aux étamines restées entières: il en résulte **2 faisceaux staminaux**, comprenant chacune une étamine entière biloculaire, flanquée de deux étamines uniloculaires provenant de cette division.

Fig. 16. Dans les Corydalis, l'ovaire et le fruit sont organisés comme dans la Chélidoine et la **silique** est nettement caractérisée.

Fig. 17. Dans les Fumeterres, le pistil uniloculaire ne contient plus qu'un seul ovule, aussi le fruit très court et sec, devient indéhiscent, et il se caractérise comme un **achaine** qui, n'est ici, en réalité, qu'une silique réduite à sa plus simple expression.

Crucifères.

Fig. 1. La Giroflée (*Cheiranthus Cheiri*) porte sur ses rameaux aériens des **feuilles alternes, sans stipules** ; — les fleurs sont groupées en **grappes, sans bractées**.

Fig. 2. La fleur de Crucifère présente sur son réceptacle convexe : un **calice** à 4 sépales, les latéraux légèrement bossus à la base. — Une **corolle cruciforme** à 4 pétales imbriqués. — **6 étamines** — un pistil central.

Fig. 3. Ces **étamines** sont dites **tétradynames** ; on en remarque deux latérales plus courtes, et quatre plus grandes réunies en deux faisceaux.

Fig. 4. Le **pistil** est formé de deux feuilles carpellaires, comme celui de la Chélidoine. Ces deux feuilles se soudent bord à bord, limitant une loge qui porte **2 placentas pariétaux** ; mais ici, les placentas s'envoient une **fausse cloison** qui coupe médianement la loge unique en **2 logettes** ; cette fausse cloison distingue l'ovaire des Crucifères, de l'ovaire de la Chélidoine. Les ovules insérés sur les placentas sont **campulitropes**.

Fig. 5. Le **diagramme** de la fleur de Crucifère montre l'alternance des 4 sépales et des 4 pétales, la position latérale des deux étamines plus courtes, les grandes étant antérieures et dorsales, les rapports des feuilles carpellaires et des placentas.

Fig. 6. Le **fruit** provenant du pistil est analogue à celui de la Chélidoine, dont il ne diffère que par la présence de la fausse cloison inter-placentaire ; c'est une **silique**.

Fig 7. A la maturité, une ligne de déhiscence apparaît sur chaque flanc de chaque placenta et, par **déhiscence septifrage**, détache **2 valves** latérales qui laissent en place le cadre placentaire qui porte les graines.

Fig. 8, 9. Ces graines sont **exalbuminées**, mais l'embryon enfermé sous le tégument présente des rapports variables de sa radicule avec les cotylédons.

Fig. 10. Dans un premier cas, la radicule se replie de façon à correspondre à la ligne de séparation des cotylédons ; dans ce cas, la **radicule est commissurale** et les **cotylédons accombants**. C'est le cas de la Giroflée et de la section des **Cheiranthées**. En *a*, l'embryon est entier, extrait de la graine ; en *b*, l'embryon est coupé transversalement dans la graine, montrant le cercle ombré de la radicule reposant sur la commissure des cotylédons.

Fig. 11. Dans un second cas, la **radicule** se replie sur le dos d'un des cotylédons. Elle est dite **dorsale** et les **cotylédons incombants**. L'embryon, entier en *a*, est représenté, en *b*, coupé transversalement de la graine. Cette disposition caractérise la série des **Sisymbriées** (*Sisymbrium*).

Fig. 12. Dans un troisième cas, les cotylédons, placés dans cette dernière position, s'allongent latéralement et se portant en arrière, enveloppent la

— 85 —

radicule. La **radicule est incluse** et les **cotylédons condupliqués**. La série des **Brassicées** (Choux) présente cette disposition.

Toutes ces variétés se rapportent au groupe d'ensemble des **Siliqueuses** caractérisées par la **silique**, capsule septifrage à deux valves latérales, dont **la longueur dépasse de beaucoup la largeur**. Dans quelque cas (Radis : *Raphanées*) la silique devient indéhiscente et passe au **lomentum**, divisé en logettes superposées monospermes. Souvent la **silique** devient courte, **sa largeur est sensiblement égale à sa longueur**, elle devient alors silicule. On oppose aux Crucifères siliqueuses les Crucifères siliculeuses.

Fig. 13. La Bourse à Pasteur (*Thlaspi Bursa pastoris*) est le type le plus commun de cette série ; on retrouve les feuilles alternes sans stipules, la grappe sans bractées.

Fig 14. La fleur des Siliculeuses est construite sur le type général : **4 sépales, 4 pétales cruciformes, étamines tétradynames, pistil à placentas pariétaux.**

Fig. 15. Mais le fruit est court, ayant des dimensions sensiblement égales longueur, et largeur, c'est la **silicule**, à déhiscence identique à celle de la silique.

Fig. 16. La coupe transverse permet de retrouver la **fausse cloison** interplacentaire qui divise la **loge unique** en **2 logettes**, les **graines campulitropes**. Dans l'exemple choisi, il s'agit d'une **Thlaspidée** et dans ce groupe la silicule est aplatie **perpendiculairement à la cloison**.

Fig 17. Dans les **Lunariées**, les grandes **silicules** — connues sous le nom de *monnaie du Pape* — sont aplaties **parallèlement à la cloison**. Les caractères tirés du fruit et de l'embryon permettent ainsi d'établir la classification de cette famille, l'une des plus naturelles et dont les caractères sont les plus constants dans la série des genres et des espèces.

Malvacées.

Fig. 1. Les Mauves (*Malva rotundifolia*) sont des plantes herbacées, à **feuilles alternes**, munies de **stipules** latérales. Le limbe de la feuille est à nervation palmée. Les fleurs sont réunies en **cymes** à l'aisselle des feuilles.

Fig. 2. La fleur est à **réceptacle convexe**; elle porte de bas en haut : un **calicule** de **3 bractées** (les Guimauves ont **5-7 bractées** à ce calicule); un **calice gamosépale** à 5 divisions valvaires. Une **corolle** de **5 pétales** qui sont très légèrement unis par leur base et tombent d'une seule pièce, disposés en **préfloraison tordue**.

Fig. 3. Les **étamines** sont **nombreuses** et **monadelphes**; les filets sont soudés en un tube qui se renfle à la base pour embrasser l'ovaire et qui enveloppe les styles pour se diviser à son sommet en filaments qui portent les anthères. Chaque **anthère** est **réniforme uniloculaire, extrorse**, s'ouvrant par déhiscence longitudinale.

Fig. 4. L'ablation du tube staminal montre le **pistil**. L'ovaire surbaissé comprend tout un **verticille de loges** dont chacune ne contient qu'**un seul ovule**. Un style commun s'élève du centre du verticille ovarien et se divise bientôt en autant de branches qu'il y a de logettes; ces branches sont maintenues accolées par le tube staminal.

Fig. 5. Le diagramme de la fleur montre la préfloraison du calice et de la corolle, le faisceau d'étamines monadelphes, et la disposition verticillée des loges ovariennes.

Fig. 6. A la maturité, l'ovaire devient un **fruit** sec, enveloppé du calice persistant. Le fruit se désarticule en ses loges constitutives. Chaque loge devient ainsi un fruit indépendant, sec, ne contenant qu'une seule graine; c'est un **achaine**.

Fig. 7. L'ovule et la graine sont **campulitropes**. La graine est **exalbuminée**, l'embryon a sa radicule incluse enveloppée dans ses cotylédons condupliqués.

Fig. 8. De même que, dans les Renonculacées, les **Achaînées** s'opposent aux **Folliculées**, de même les Malvacées présentent des types où les loges contiennent de **nombreux ovules**. Les Ketmies (*Hibiscus*) représentent cette division. Dans ce cas, les loges ne deviennent pas indépendantes et forment une **capsule loculicide**. C'est à cette série qu'appartiennent les Cotonniers (*Gossypium*) dont les graines sont couvertes de filaments textiles qui donnent le coton.

Rutacées.

Fig. 9. Aux Malvacées à étamines nombreuses, monadelphes, s'opposent une série de familles à **étamines définies**. La Rue (*Ruta graveolens*) est le type des Rutacées. Ses fleurs sont construites tantôt sur le **type 4**, tantôt sur le **type 5**. Dans le premier cas, le réceptacle convexe porte un **calice** à **4 divisions**, une **corolle** à **4 pétales** libres, creusés en cuilleron ; **8 étamines**, 4 plus longues opposées aux sépales, 4 plus courtes reposant sur les pétales, toutes biloculaires, introrses, à déhiscence longitudinale. L'**ovaire** est entouré par un **disque** épais qui forme un anneau saillant à sa base ; il est formé par **4 carpelles**, en majeure partie libres, dont les styles, comme dans les Apocynées, convergent et s'unissent en une **colonne unique**.

Fig. 10. Cette disposition des feuilles carpellaires, **libres** dans la région ovarienne, **soudées** par les styles est très caractéristique.

Fig. 11. Chaque carpelle contient de **nombreux ovules anatropes** sur un **placenta ventral**. A la maturité, les styles disparaissent et chaque carpelle indépendant devient un **follicule**, les graines ont un **albumen charnu**, dans lequel plonge l'embryon.

Fig. 12. Le diagramme d'une fleur construite sur le type 5 permet d'appliquer la description précédente à cette forme nouvelle, car tous les caractères indiqués se retrouvent dans une semblable fleur. Les Rues sont des herbes vivaces, à odeur pénétrante. Cette odeur est émise par des **réservoirs d'huile essentielle**, répandus dans toutes les parties de la plante. Les **feuilles** sont **alternes**, composées, **sans stipules**.

Fig. 13. Les Orangers (*Citrus Aurantium*) se relient étroitement aux Rues. L'inconstance dans le nombre des pièces du calice et de la corolle : **3 à 10 pièces**, la disposition des **étamines** qui, par multiplication, deviennent **nombreuses, polyadelphes**, enfin le fruit charnu avec graines exalbuminées, ont fait longtemps considérer les Orangers comme constituant la famille spéciales des Aurantiacées. Les organes végétatifs, la présence de glandes à essences, rattachent étroitement ces deux séries.

Fig. 14. Le diagramme met en relief les principaux caractères distinctifs que nous venons d'énumérer.

Fig. 15. La **polyadelphie** des étamines est un des caractères les plus intéressants ; c'est de la **polyadelphie inégale**, car les faisceaux constitués par l'union des filets d'étamines, comprennent un nombre variable de filets.

Fig. 16. L'ovaire est **pluriloculaire**, chaque loge contenant de **nombreux ovules** ; il est surmonté par un style cylindrique à extrémité globuleuse .

Fig. 17. Le fruit, connu sous le nom vulgaire d'**orange**, dénommé par les botanistes : **hespéridie**, est une grosse **baie cortiquée**. L'écorce jaune, charnue, criblée de glandes de l'orange, provient de la paroi de l'ovaire, tandis que la partie charnue qui environne les graines est une formation spéciale, émanant de cette paroi. Des **poils** se dressent sur **toutes** les faces de la loge et, par un développement rapide, la comblent et l'emplissent. Ce sont ces poils gorgés de jus sucré et acidulé qui forment la **chair** de l'orange.

Fig. 18. La feuille est simple, mais *articulée* à la base.

Géraniacées.

Fig. 1. Par leur organisation florale, les Géraniacées se rapprochent des Rutacées. Les Géraniums (*Geranium pratense*) sont des plantes herbacées portant des **feuilles alternes, stipulées**, et des fleurs groupées en **cymes uniparcs**. Des poils capités couvrent la plante et sécrètent des essences à odeur forte.

Fig. 2. La fleur présente un **calice** de **5 sépales**, une **corolle** de **5 pétales**, tordus, et **10 étamines**, 5 superposées aux sépales, 5 superposées aux pétales. Ces étamines s'affrontent par la base et se soudent en un tube qui recouvre l'ovaire. L'ovaire est surmonté par un **style à 5 branches**, stigmatiques.

Fig. 3. L'**étamine** détachée montre le filet dilaté à sa base, s'effilant pour porter l'**anthère biloculaire, introrse**, s'ouvrant par deux fentes longitudinales.

Fig. 4. Le **pistil** présente un **ovaire** ovoïde formé par les **5 feuilles carpellaires** ; il est surmonté par un **style** allongé dont l'extrémité libre se dissocie en 5 branches stigmatiques.

Fig. 5. Le diagramme montre les rapports des pièces du calice et de la corolle et l'ordonnance générale des dix étamines réunies à la base. La coupe transversale de l'**ovaire** montre que les 5 feuilles carpellaires forment **5 loges** ; chaque loge contient **2 ovules anatropes** ; un seul de ces ovules se transforme en **graine**.

Fig. 6. L'ovaire devient un **fruit sec**, surmonté par la colonne des styles, qu'on a comparé à une tête de grue, de cigogne, à cause du long bec porté par la capsule.

Fig. 7. La **déhiscence** de cette **capsule** est toute particulière. Chaque loge se détache de l'axe par une ligne de déhiscence circulaire et est entraînée par une lame hygrométrique qui se détache de la colonne stylaire et s'enroule en spirale.

Fig. 8-9. La **graine**, unique par avortement, est ainsi projetée. Elle est **exalbuminée**.

Fig. 10. Les Pélargoniums sont des Géraniums à **corolle irrégulière**. Le calice se prolonge en un **éperon** qui se soude avec le pédoncule floral. Les Érodiums sont des Géraniums dont **5 étamines** deviennent **stériles**.

Fig. 11. Les Lins (*Linum usitatissimum*) se relient étroitement aux Géraniums par les Érodiums dont ils ont les **5 étamines stériles** et les **5 étamines fertiles**. L'ovaire est aussi à **5 loges bi-ovulées**, mais chaque loge est divisée, par une fausse cloison, en **2 logettes**, et les **5 styles divergent** au lieu de se réunir en une colonnette centrale. Aussi la déhiscence du fruit sec, capsulaire, est toute différente ; la déhiscence est **septicide** et la **capsule** se découpe en **dix segments** monospermes qui se comportent comme des **achaines**.

Fig. 12. Le diagramme du Lin rapproché de celui du Géranium met en évidence les caractères distinctifs sur lesquels nous venons d'insister.

Caryophyllacées.

Fig. 13. L'Œillet (*Dianthus barbatus*) est le type des Caryophillées-Dianthées. Le calice est **gamosépale**, formant un long tube dont le sommet est divisé en **5 dents**. A sa base, il est entouré par une série de folioles disposées en collerette ; c'est le **calicule**. La corolle se montre constituée par **5 pétales** ; elle est **polypétale**. Les 5 pétales ont leurs limbes étalés horizontalement : ils plongent par leurs onglets dans le calice, cette disposition caractérise la corolle polypétale **caryophyllée**. On compte ensuite **10 étamines**, 5 plus longues, 5 plus courtes, au milieu desquelles se dressent les deux branches du **style**.

Fig. 14. En arrachant l'un des pétales, on voit nettement la disposition de ses deux parties constituantes, le **limbe**, vivement coloré, déjeté horizontalement, et l'**onglet** blanchâtre qui s'effile pour s'insérer sur le réceptacle.

Fig. 15-16. Dans certaines Caryophyllées (*Lychnis dioica*), les étamines sont portées par une fleur, le pistil par une autre fleur ; les fleurs deviennent ainsi **unisexuées** ; elles sont **diclines** ; de plus, comme les fleurs mâles sont portées par un pied, les fleurs femelles par un autre, elles sont **dioïques**.

La fleur mâle du Lychnis est construite comme l'Œillet : **calice gamosépale** à 5 dents, **corolle caryophyllée** à 5 pétales, **10 étamines**, pistil avorté.

La fleur femelle, disposée de même, ne présente au contraire que des étamines avortées, tandis que le **pistil** volumineux se dresse au centre de la fleur, couronné par **5 styles** divergents. Ce nombre 5 des styles est le type, il correspond à un ovaire formé par 5 feuilles carpellaires ; déjà dans les Cucubales il se réduit à 3, et devint 2 dans les Œillets et les Saponaires.

Fig. 17. Les Stellaires (*Stellaria Hoslostrea*) ont la fleur construite sur le même plan général, ainsi que le montre le diagramme ; mais ici, le **calice** au lieu d'être gamosépale est à **5 sépales distincts** et étalés. Cette disposition du calice n'enserre plus la corolle qui s'étale librement, formée de 5 pétales libres, à onglet court. On retrouve 10 étamines en deux verticilles, et un ovaire à 3 styles. Le nombre des styles est variable de 2 à 5, suivant les genres considérés. Cette disposition **polysépale** du calice oppose les **Stellariées** aux **Dianthées** dont le calice est **gamosépale**.

Fig. 18. L'ovaire est limité par autant de feuilles carpellaires qu'il y a de styles, et primitivement chaque feuille forme **une loge** avec **placenta axile** couvert d'**ovules campulitropes**. A la maturité, cet ovaire donne une **capsule** s'ouvrant à son sommet par des dents qui s'écartent. Or, à ce moment les cloisons de séparation des loges ont disparu et les placentas axiles simulent un gros **placenta central** analogue à celui des Primulacées, mais l'origine en est bien différente.

Fig. 19. Les graines sont caractéristiques, l'embryon courbé enveloppe l'albumen ; une telle graine est dite **cyclospermée**.

POLYPÉTALES A RÉCEPTACLE CONCAVE

Rosacées.

Fig. 1. La fleur du Fraisier (*Fragaria vesca*) peut être prise comme type des Rosacées, dont elle caractérise une première section, la section des **Fragariées.**

Si l'on ne tient pas compte de la forme du réceptacle, on relève successivement, de dehors en dedans : un **calicule** de 5 folioles, un **calice** de **5 sépales** libres : une **corolle** de **5 pétales** ; chaque pétale est une lame, à limbe arrondi, à onglet très court ; de **nombreuses étamines** biloculaires, **introrses,** à déhiscence longitudinale ; au centre de nombreuses feuilles carpellaires, formant autant de **pistils indépendants,** et couvrant tout le réceptacle.

Fig. 2. Le réceptacle qui, au premier abord paraît convexe, se montre sur la coupe comme ayant l'aspect d'une **cupule** au centre de laquelle se dresse un cône saillant terminal ; c'est le réceptacle **concavo-convexe,** dit en **cul-de-bouteille.** Sur les bords de la cupule s'insèrent calice, corolle, étamines, tandis que sur le cône central se groupent les nombreux pistils.

Fig. 3. Le diagramme complète cette étude en montrant l'alternance des verticilles et la **préfloraison quinconciale** de la corolle, caractérisée par la disposition des pièces suivant une ligne spirale ascendante.

Fig. 4. Les **pistils** détachés ont **une loge** unique et ne contiennent qu'**un ovule anatrope** ; ils portent un **style latéral,** presque gynobasique. A la maturité, chaque pistil devient un **achaine.**

Fig. 5. Ces **achaines** restent enchâssés dans le cône réceptaculaire qui devient charnu et constitue la **fraise.** La fraise n'est donc pas un fruit simple, c'est un **fruit multiple,** un **polyachaine,** dont les éléments sont portés par le réceptacle hypertrophié et charnu.

Fig. 6. Les Ronces et les Framboises (*Rubus fruticosus*) ont la même organisation florale que les Fraisiers, mais, à la maturité, le **réceptacle** reste **sec** et ce sont les **fruits** qui deviennent **charnus** ; chaque achaine s'enveloppe d'une couche charnue, devenant le noyau d'une petite **drupe.** La framboise est donc une **polydrupe.**

Fig. 7. Dans les Benoîtes et les Potentilles, le réceptacle est **sec** et les fruits sont des **achaines,** groupés sur ce réceptacle.

Fig. 8. Dans la section des Rosées, le **réceptacle** devient franchement **concave,** ayant la forme d'une bourse profonde. Si l'on examine la fleur du Rosier (*Rosa canina*) on trouve, comme dans le Fraisier, s'insérant sur les bords de la coupe réceptaculaire : un **calice** à **5 sépales,** une **corolle** à **5 pétales cordiformes,** en **préfloraison quinconciale,** de **nombreuses** étamines introrses, et, sortant de la coupe, de **nombreux styles** groupés en faisceaux.

Fig. 9. Après la chute des pétales, on voit nettement la forme du réceptacle au sommet duquel le calice persistant forme une collerette.

Fig. 10. L'ouverture de ce réceptacle montre sa paroi limitant une bourse profonde et, dans cette bourse, les **achaines**, provenant des pistils insérés sur les parois de la coupe. L'ensemble est un **fruit multiple**, un **polyachaine**, enveloppé par le réceptacle devenu charnu et rouge qui forme **induvie**. On donne le nom de **cynorrhodon** au fruit du Rosier.

Fig. 11. Les Spirées sont des **Folliculées**, comparées aux Fragariées et Rosées qui sont des **Achainées**. La fleur de Spirée (*Spiræa filipendula*) est superposable à celle du Rosier ; la seule différence essentielle est dans les pistils qui occupent la coupe réceptaculaire.

Fig. 12. On trouve en effet, comme dans les Renonculacées folliculées, **5 pistils** disposés en couronne, renflés, allongés, à styles divergents.

Fig. 13. Chaque **pistil** contient de **nombreux ovules anatropes**.

Fig. 14. A la maturité, les **pistils** donnent des fruits secs, s'ouvrant par une ligne de déhiscence longitudinale, ventrale ; ce sont des **follicules**.

Fig. 15. Dans les Drupacées (*Cerasus Caproniana*) avec l'organisation générale des *Rosa*, on ne trouve plus qu'**un seul pistil** au fond de la **coupe réceptaculaire**, ce pistil reste libre de toute adhérence avec la paroi.

Fig. 16. C'est ce pistil qui, à la maturité, devient un **fruit charnu, à noyau**, une **drupe** (cerise, abricot, pêche, prune, amande) et donne à cette section sa caractéristique.

Fig. 17. Dans les Pyrées (*Pyrus communis*) le **réceptacle** présente une modification importante dans ses rapports avec les pistils ; il **se soude à leur paroi**, en sorte que la coupe réceptaculaire forme corps avec les pistils inclus. De ce fait les **pistils** deviennent **adhérents** ou **infères** et la fleur **épigyne**. Dans toutes les sections précédentes, la fleur est au contraire **périgyne**, car les **pistils** restent **libres** ou **supères** dans la coupe réceptaculaire. Cette disposition caractérise cette section.

Fig. 18. A la maturité, les cinq pistils soudés entre eux et avec la coupe réceptaculaire, donnent un **fruit multiple** connu sous le nom de poire, pomme, etc., dans les *Pyrus*, coing, dans les *Cydonia*, etc. En réalité, chaque pistil devient une **drupe** à noyau souvent papyracé — dur et résistant dans la nèfle — la chair de chaque drupe se fusionne avec la chair des drupes voisines, et le tout est enveloppé dans le réceptacle charnu et succulent, c'est une **polydrupe à induvie charnue**. Les Rosacées sont des herbes, des arbustes ou des arbres ; toutes ont les **feuilles alternes, munies de stipules**, à la base, et les **graines albuminées**.

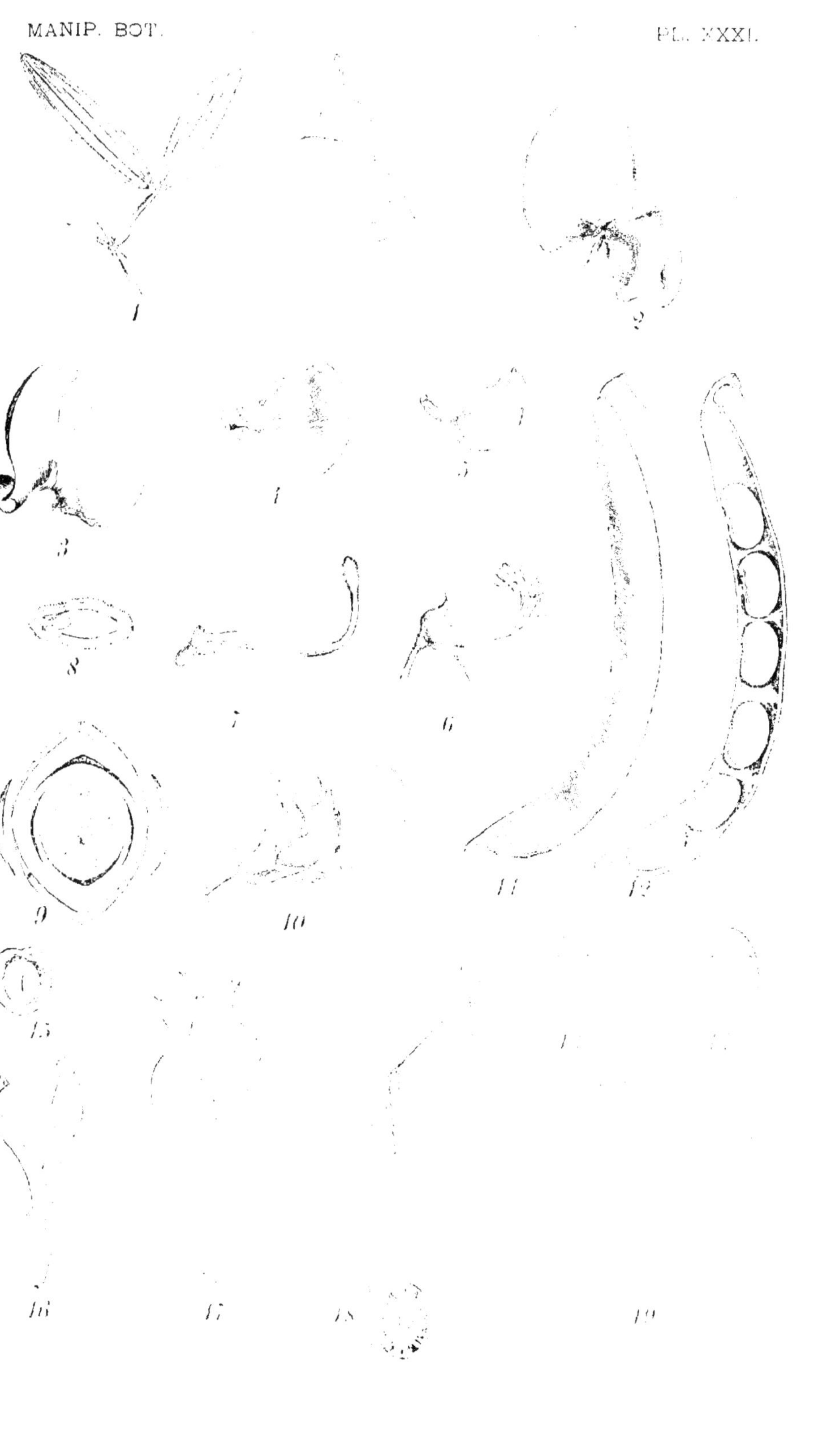

Légumineuses.

Fig. 1. Dans les Légumineuses, les organes végétatifs se rapprochent de ceux des Rosacées ; ce sont des herbes, des arbustes et même des arbres dont les feuilles, composées-pennées, sont munies de **stipules** à la base. Dans les Gesses (*Lathyrus latifolius*), les folioles latérales et l'extrémité du rachis se transforment en **vrilles** enroulées qui permettent la fixation de la plante au support.

Fig. 2. Dans la section des Papilionacées, la fleur (*Lathyrus latifolius*) est très **irrégulière** ; on la dit **Papilionacée** parce qu'elle rappelle l'aspect d'un papillon ; le **calice** est irrégulier à **5 dents** inégales, mais la **corolle** formée de **5 pétales** doit être étudiée en détail.

Fig. 3. Le pétale supérieur est très grand, relevé, étalé, surmontant la fleur comme un **étendard** ou **vexillum**, noms par lesquels on le désigne.

Fig. 4. Sous l'étendard se dégagent deux pièces latérales, divergentes, les **ailes**. Chaque aile a un onglet court et un limbe recourbé en large faucille.

Fig. 5. L'arrachement des ailes met à nu la **carène** ; c'est une sorte de quille de navire constituée par les deux pétales inférieurs, appliqués bord à bord et formant un sac incurvé qui contient les parties profondes.

Fig. 6. Si l'on ouvre la carène et si on l'enlève, on met à nu les **étamines** enveloppant le **pistil**. Ces **étamines** sont au nombre de **10**, 5 plus longues externes, 5 plus courtes internes, leurs anthères sont biloculaires, introrses, libres d'adhérence entre elles ; mais les filets s'unissent entre eux, à l'exception du filet de l'étamine supérieure. Il y a donc : d'une part, une étamine libre, d'autre part 9 étamines à filets soudés ; on dit qu'il y a **diadelphie** et que la **diadelphie** est **inégale**. Dans d'autres Papilionacées, les 10 étamines sont soudées par les filets en un tube unique : c'est de la **monadelphie**.

Fig. 7. L'enlèvement des étamines met à nu le **pistil**. On constate qu'il s'insère dans une coupe réceptaculaire peu profonde dont les bords portaient les parties précédentes. Ce pistil est lui-même formé par un **ovaire** allongé qui se prolonge par un **style** coudé et une extrémité stigmatique ovoïde.

Fig. 8. La coupe de ce pistil le montre formé par une seule feuille carpellaire repliée, limitant **une loge unique**. Un **placenta ventral** occupe la ligne de soudure des bords de la feuille et porte de nombreux **ovules campulitropes**.

Fig. 9. Le diagramme floral montre la disposition de la corolle, le **vexillum** recouvrant, les **ailes** latérales enfermant la **carène**, la position des **10 étamines** et l'orientation de l'**ovaire**.

Fig. 10. La fleur de toutes les Papilionacées est semblable à celle que nous venons de décrire. Dans le Haricot (*Phaseolus vulgaris*), la **carène** et les **étamines**, ainsi que le montre la figure, **se tordent en spirale**.

Fig. 11-12. Le **fruit** des Papilionacées est la **gousse ou légumen**. L'ovaire très grossi devient un **fruit sec** qui se fend, à la maturité, **par 2 lignes de déhiscence ;** l'une suit la suture ventrale, l'autre s'insinue dans la nervure dorsale du carpelle. Ainsi le fruit se coupe en **2 valves** qui se séparent du sommet à la base, entraînant les graines attachées au placenta.

Fig. 13. Ces **graines** sont **campulitropes** comme les ovules, limitées par un spermoderme résistant, **exalbuminées**.

Fig. 14. En enlevant le **spermoderme**, on met à nu l'**embryon**, qui remplit toute la cavité de la graine ; la radicule est saillante et se replie sur l'extrémité des deux gros cotylédons.

Fig. 15. La coupe transversale du fruit montre la façon dont la graine s'insère au placenta par le **funicule**, et la disposition des cotylédons accolés sous le spermoderme.

Fig. 16. Les Légumineuses comprennent, à côté de la section des Papilionacées, les sections des Cæsalpiniées et des Mimosées, formées de plantes exotiques. Tous ces végétaux ont le même fruit, la **gousse ou légumen**, ayant les caractères que nous avons indiqués plus ou moins légèrement modifiés. Dans les Cæsalpiniées, dont la fleur de Casse (*Cassia floribunda*) est représentée, la fleur reste **papilionacée**, mais l'étendard, au lieu d'être recouvrant, est **recouvert par les ailes**, et les **ailes** par la **carène**.

Fig. 16-17. Dans les Mimosées ou Acaciées, la corolle devient régulière. Dans la Sensitive (*Mimosa pudica*) les étamines sont en nombre défini ; elles deviennent indéfinies dans les Acacias.

Fig. 18. La Sensitive tire son nom de la sensibilité particulière de ses folioles qui se replient et se ferment au moindre contact. Ces feuilles composées sont munies de stipules comme celles des Papilionacées et des Cæsalpiniées.

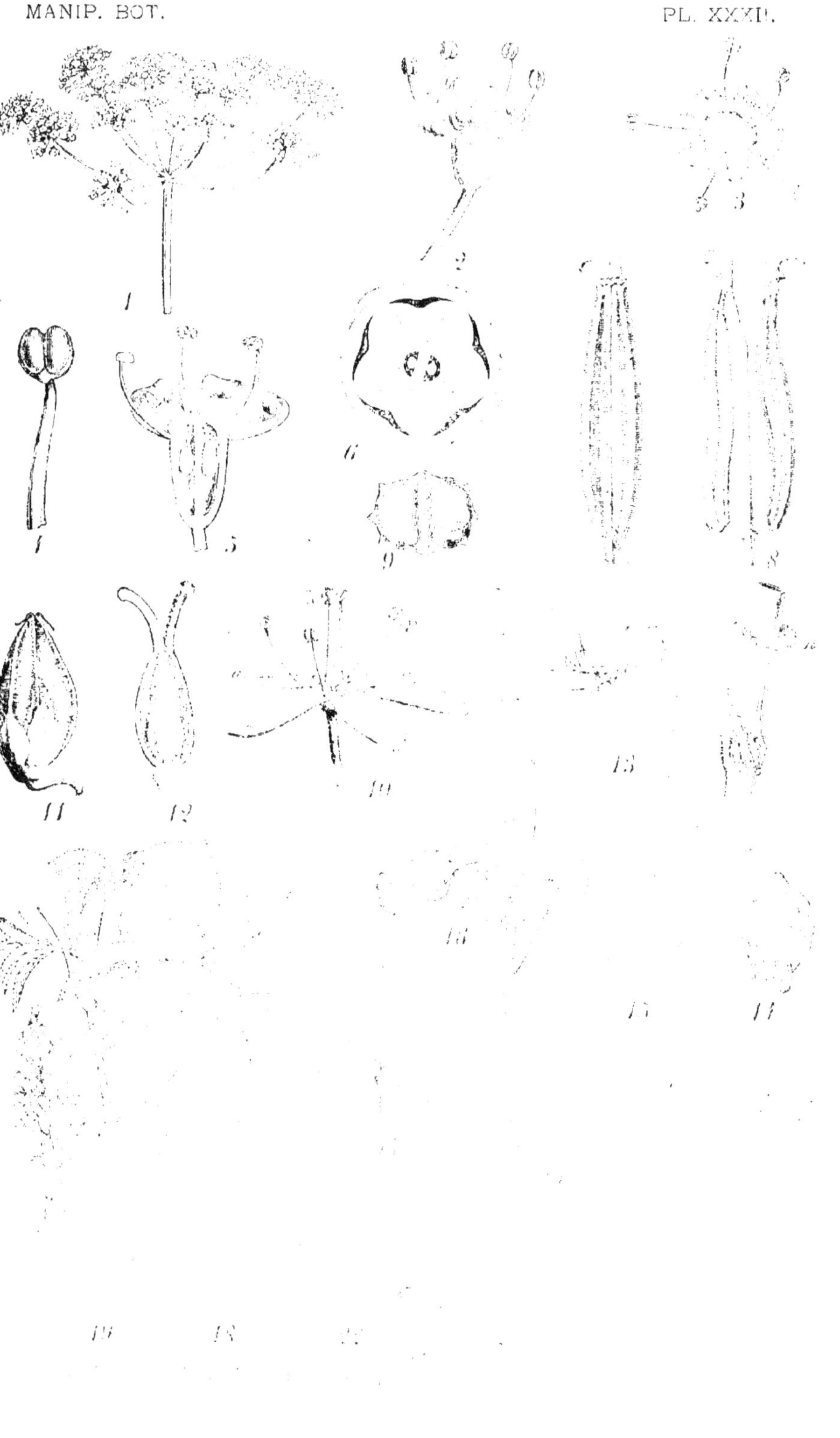

Ombellifères.

Fig. 1. Le nom d'Ombellifères vient de la forme de l'inflorescence qui caractérise les plantes de cette famille. Dans l'**ombelle simple**, l'axe primaire est indéfini et les axes secondaires allongés naissent tous à l'extrémité de l'axe, se touchant par leurs bases d'insertion, portant les fleurs sur un même plan horizontal. Dans l'**ombelle composée**, représentée dans la figure, chaque axe secondaire devient le centre d'une ombelle, dite **ombellule**, en sorte que l'**ombelle primaire** porte un groupe d'**ombellules** terminales.

Fig. 2-3. La fleur a un **réceptacle concave**, profond, que couronne le pédoncule et porte sur ses bords les enveloppes florales et les étamines. Le **calice** est à **5 dents** courtes, qui entourent le sommet de l'ovaire ; la **corolle** est constituée par **5 pétales libres**. Ces pétales sont égaux dans les fleurs du centre de l'ombelle, mais dans les fleurs de la périphérie les externes se développent davantage, en sorte que la fleur devient sensiblement irrégulière. De face, ces pétales se montrent repliés vers le centre de la fleur, leur extrémité libre s'enroulant en dedans. On compte **5 étamines** alternes avec les pétales, s'insérant sur le bord de la coupe.

Fig. 4. Chaque **étamine** a un **filet** libre, d'abord incurvé, et une **anthère** arrondie, biloculaire, **introrse**, à déhiscence longitudinale.

Fig. 5. La coupe longitudinale de la fleur montre l'**ovaire infère**, à **2 loges**, enfoncé dans la coupe réceptaculaire avec la paroi de laquelle il est soudé. Il est surmonté de **2 styles** courts qui émergent d'une collerette qui surmonte l'ovaire et qu'on appelle **disque épigyne**. Chaque loge de l'ovaire contient **un ovule anatrope**, inséré au sommet interne de la loge et dont le micropyle est extérieur et supérieur.

Fig. 6. Le diagramme montre les rapports des diverses parties de la fleur ; l'alternance de verticilles et la position des deux feuilles carpellaires formant l'ovaire biloculaire, bi-ovulé, infère, décrit précédemment.

Fig. 7. A la maturité, l'ovaire devient un **fruit** sec, biloculaire, dont les deux loges deviennent indépendantes, chacune donnant un **achaine;** d'où le nom de **di-achaine** donné à ce fruit.

Fig. 8. Lors de la séparation des loges du **di-achaine**, ces loges ou **méricarpes** se séparent de bas en haut, laissant en place une **columelle** qui prolonge l'axe et se divise à son sommet en deux branches, à l'extrémité desquelles pendent les méricarpes.

Fig. 9. La coupe des méricarpes rend plus nets les faits suivants : ces fruits portent des **côtes** saillantes longitudinales; ces côtes sont séparées par des dépressions ou **vallécules**. Souvent, dans les vallécules se dressent des côtes qui sont dites **secondaires**, en opposition aux précédentes qui sont dites **primaires**. Enfin, on rencontre souvent, au fond des vallécules, des canaux résinifères qui constituent des **bandelettes**.

Polygonacées.

Fig. 10. Les Polygonacées n'ont qu'une seule enveloppe florale autour de l'androcée formé d'étamines biloculaires, introrses, en nombre défini. Le nombre des pièces du **calice** — la corolle étant absente, d'où le nom d'Apétales — est variable suivant les genres ainsi que le nombre des étamines : **6 sépales** et **6 étamines** dans les Patiences (*Rumex*); **6 sépales** et **9 étamines** dans les Rhubarbes (*Rheum*); **5 sépales** et **8 étamines** (5 + 3) dans les Renouées (*Polygonum*), type représenté.

Fig. 11. Mais le pistil est partout le même, formé d'un **ovaire uniloculaire**, surmonté par un **style à 3 branches**. L'ovaire ne contient qu'un **seul ovule orthotrope**.

Fig. 12. Ce pistil devient un fruit sec, monosperme, indéhiscent : c'est un **achaine** contenant **une seule graine albuminée**. Cet albumen est comestible dans le Blé noir ou Sarrasin (*Polygonum Fagopyrum*).

Fig. 13. Les Polygonées sont des herbes annuelles ou vivaces à rhizomes souterrains épais (Rhubarbe, Bistorte); les feuilles alternes envoient, à leur point d'insertion au nœud, un cylindre membraneux, l'ocrea.

Chénopodiacées.

Fig. 14-15. Les Chénopodiacées (Chénopodes, Bettes, Soudes) sont **apétales** comme les Polygonées. Le **calice** a **5 sépales** et l'on compte **5 étamines**, mais l'ovaire **uniloculaire**, uni-ovulé, contient **un ovule campulitrope**. Le fruit est un **achaine** et la **graine cyclospermée**.

Euphorbiacées.

Fig. 16. Les Euphorbes indigènes (*Euphorbia Lathyris*) ont la fleur **hermaphrodite**, à réceptacle convexe. Le **calice** est **gamosépale, à 5 divisions**, les **étamines nombreuses**, en 5 faisceaux oppositisépales, et le **pistil** est porté par un pied allongé qui dépasse le calice. L'**ovaire** est à **3 loges**, surmonté d'un **style à 3 branches**. Dans chaque loge se trouve **un ovule, descendant, anatrope**.

Fig. 17-18. Le fruit est sec, capsulaire. Il se divise en **3 coques (capsule tricoque)**. Chaque coque s'ouvre par **déhiscence loculicide**.

Fig. 19. Le Ricin (*Ricinus communis*) se distingue des Euphorbes par ses inflorescences de fleurs **unisexuées, mâles** à la base, **femelles** au sommet.

Fig. 20. Les **fleurs mâles** ont, dans un **calice à 5 divisions**, de **nombreuses étamines ramifiées** avec des anthères à une loge.

Fig. 21. Les **fleurs femelles** ont, dans un **calice** plus petit, un **ovaire triloculaire**, surmonté par 3 styles bifides.

Fig. 22. L'ovaire devient une **capsule tricoque**, hérissée de pointes.

Fig. 23-24. La **graine** est limitée par une triple membrane, elle contient un **albumen** huileux, purgatif.

Urticacées.

Fig. 1. Les Orties ont les fleurs **unisexuées** disposées en longues grappes, **monoïques** ou **dioïques**, suivant les espèces. Les feuilles sont couvertes de poils glandulaires à la base, dont la piqûre produit l'urtication.

Fig. 2. La **fleur mâle**, construite sur le **type 4**, ne comprend qu'un **calice à 4 divisions** et **4 étamines**, introrses, oppositisépales.

Fig. 3. La **fleur femelle** est réduite à un **calice gamosépale**, enveloppant un **ovaire** unique.

Fig. 4. Cet **ovaire** est surmonté par un style avec couronne de poils stigmatiques; il est **uniloculaire**, et, comme dans les Polygonacées, ne contient qu'**un seul ovule** ascendant, **orthotrope**. Il devient un **achaine**, la graine est **albuminée**.

Artocarpées.

Fig. 5. L'organisation des Chanvres (*Cannabis sativa*) est très voisine de celle des Orties. Les fleurs sont **unisexuées, dioïques, apétales**, disposées en grappes lâches. La **fleur mâle** est construite sur le **type 5**. La **fleur femelle**, représentée, a primitivement un **ovaire à deux loges**, surmonté de deux styles, mais une seule loge persiste, avec **un seul ovule anatrope**. Le fruit est un **achaine**, la graine est **exalbuminée**.

Fig. 6. Dans les Houblons (*Humulus*) les fleurs sont aussi **dioïques**. Les **fleurs mâles**, identiques à celles des Chanvres, sont aussi réunies en épis. La **fleur femelle** présente aussi la même organisation et donne un fruit identique. Mais les fleurs femelles sessiles naissent à l'aisselle de bractées allongées qui, à la maturité, constituent un véritable **épi**, appelé **cône**. C'est à l'aisselle des bractées que se développent les poils résinifères qui constituent le **lupulin**.

Fig. 7. Dans les Figuiers (*Ficus*) les fleurs mâles et femelles sont réunies dans un réceptacle charnu qui s'appelle **figue**.

Fig. 8-9. La **fleur mâle** est apétale, avec un nombre variable d'**étamines**; la **fleur femelle** a un **ovaire uni-loculaire, uni-ovulé**, qui, à maturité, devient une petite **drupe**. La figue est donc un **fruit composé**, provenant d'une inflorescence entière, composé du réceptacle commun devenu charnu et de petites drupes multiples, incluses, provenant des fleurs femelles.

Fig. 10. Dans les Mûriers (*Morus*), on retrouve les **fleurs mâles** construites sur le **type 4**, réunies en grappes — et les **fleurs femelles**, groupées en inflorescence, courtes et présentant l'organisation des types précédents. A la maturité, toute l'inflorescence femelle devient un **fruit composé**, succulent, la **mûre**. Dans cet ensemble, chaque fleur femelle donne une **petite drupe** autour de laquelle le calice accru, succulent, forme une seconde enveloppe charnue.

Salicacées.

Fig. 11. Les Saules (*Salix*) ont les **fleurs unisexuées, monoïques** ou **dioïques**. Les fleurs mâles sont groupées en **chatons** mâles.

Fig. 12. Les **fleurs femelles** constituent des **chatons** femelles.

Fig. 13. Les **fleurs mâles** ont le **calice** réduit à une simple écaille qui porte à son aisselle **deux étamines, biloculaires, extrorses**.

Fig. 14. Les **fleurs femelles**, avec le même **calice**, ont un **ovaire** ovoïde porté par un pied court et surmonté par une tête stigmatique bifide.

Fig. 15. Ce qui caractérise cette famille, parmi les Apétales, c'est la disposition de l'**ovaire**; la coupe montre qu'il est **uniloculaire** et porte sur **deux placentas pariétaux** de nombreux **ovules anatropes**.

Fig. 16. Le **fruit** est une **capsule** à deux valves placentifères.

Fig. 17. Les **graines** sont enveloppées d'une **aigrette** de longs poils, elles sont **exalbuminées**.

Cupulifères.

Fig. 18. Le Noisetier (*Corylus Avellana*) fleurit au printemps. Les rameaux portent des **fleurs unisexuées**, mâles et femelles, disposées en **chatons** (épis unisexés). Les chatons mâles sont allongés en chenilles, les chatons femelles sont courts, ramassés, globuleux.

Fig. 19. Chaque **fleur mâle** se compose d'une simple **écaille**, qui en recouvre deux autres plus petites, protégeant en toit de **nombreuses étamines** biloculaires.

Fig. 20. Le chaton femelle est constitué par des bractées imbriquées, à l'aisselle desquelles se développent les fleurs femelles.

Fig. 21. La **fleur femelle** a le réceptacle concave enveloppant un **ovaire infère biloculaire**, à 2 styles. Chaque loge contient **un seul ovule anatrope**. Un **calice** cupuliforme s'insère sur le bord de la coupe. Chaque fleur est enveloppée d'un **involucre** poilu.

Fig. 22-23. Cet ovaire devient un fruit sec, la **noisette**, qui est un **achaine**, ayant une seule loge par avortement, et ne contenant qu'une seule graine. Ce fruit est enveloppé à sa base par une **cupule** de bractées longues et découpées provenant du développement de l'involucre. **La graine** est constituée par un gros embryon, **sans albumen**.

Fig. 24. Les Chênes (*Quercus Robur*) sont voisins des Noisetiers par leur organisation générale. Le périanthe des **fleurs mâles** est complet. Le fruit sec, le **gland**, est accompagné par l'**involucre** accru, dur, couvert de saillies écailleuses.

Fig. 25. Les Châtaigniers (*Castanea vesca*) se distinguent par ce fait que les **fleurs femelles** sont enveloppées **par deux ou par trois** dans un **involucre commun**.

Fig. 26. À la maturité, cet **involucre** accru, couvert d'épines aiguës, se fend pour laisser échapper plusieurs **achaines**; chacun d'eux est une **châtaigne**.

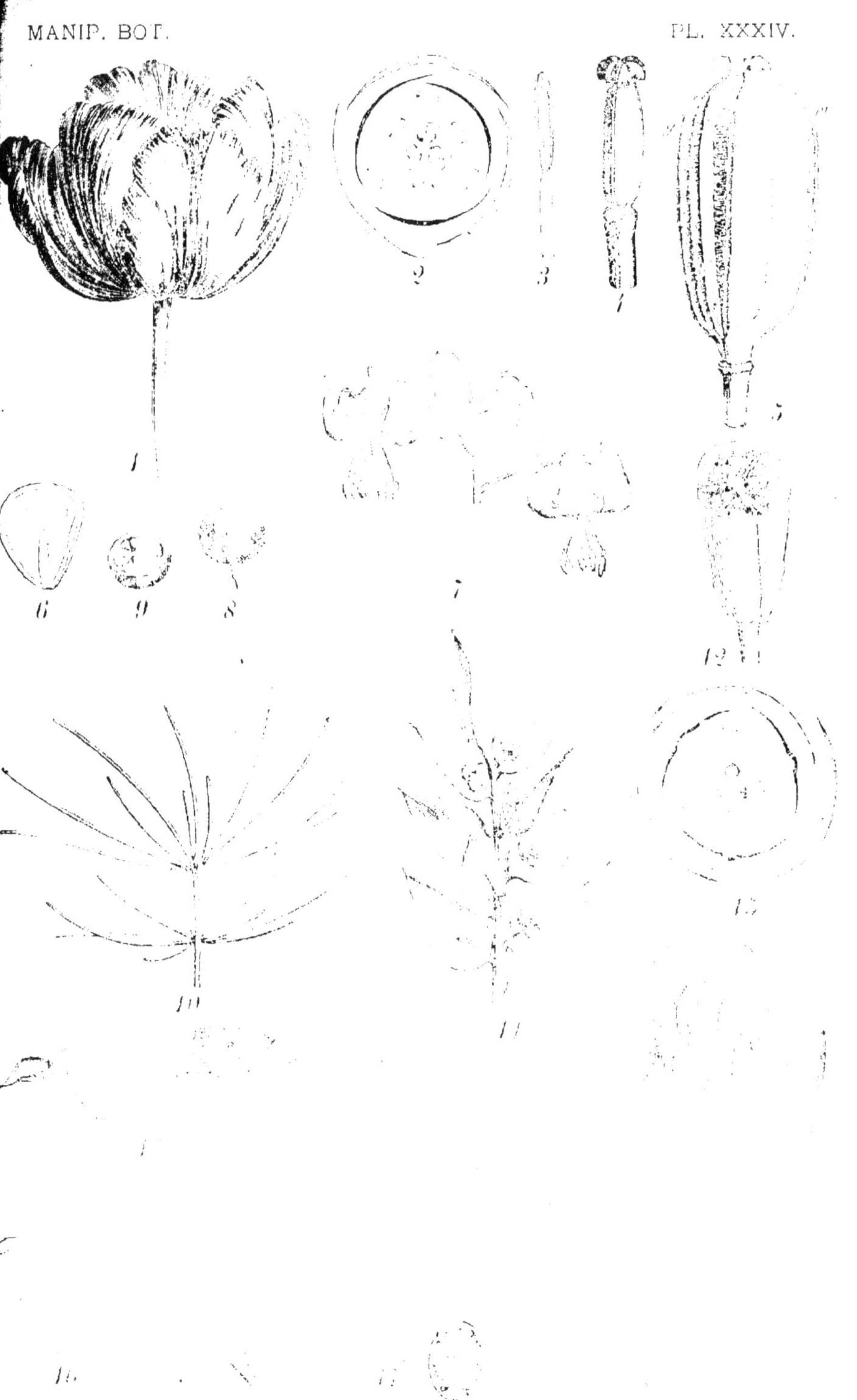

MONOCOTYLÉDONES

Liliacées.

Fig. 1. La Tulipe (*Tulipa Gesneriana*) peut être prise à la fois comme type des Monocotylédones et des Liliacées. Le **réceptacle convexe (fleur hypogyne)** porte d'abord **six grandes folioles** colorées, toutes identiques, qui constituent le **périanthe**.

Fig. 2. Si l'on enlève successivement les parties constitutives de la fleur, on établit son **diagramme** ou **plan** et l'on relève les verticilles successifs suivants :

Un verticille de **3 folioles**, un verticille de **3 folioles** alternes avec les précédentes, ces deux verticilles constituent la **périanthe**. — **3 étamines**, **3 étamines** alternes, groupées en **androcée**. — Un **gynécée** formé de **3 feuilles carpellaires** unies en un **pistil** unique à **3 loges**.

Fig. 3. Chaque **étamine** a un **filet** élargi poilu à la base, et un **anthère** biloculaire, introrse, à déhiscence longitudinale.

Fig. 4. Le **pistil** comprend un **ovaire** triangulaire surmonté par un **style** à trois branches courtes, **stigmatiques**. Ce pistil est formé de **3 feuilles carpellaires** et l'ovaire est à 3 loges, opposées aux folioles externes du périanthe. Chaque loge porte dans son angle interne un **placenta axile** et sur ce placenta on compte deux rangs parallèles d'**ovules anatropes**.

Fig. 5. Le pistil donne un **fruit** sec, polysperme, déhiscent par trois fentes longitudinales situées sur le milieu des loges, c'est une **capsule loculicide** à trois panneaux, qui se séparent pour mettre en liberté les nombreuses **graines**.

Fig. 6. Chaque **graine** est plate; elle présente sous un tégument épais, appelé **spermoderme**, un **albumen** épais enfermant un **embryon monocotylédone**.

Fig. 7. Le Lys (*Lilium Martagon*) est superposable à la Tulipe, dont il a l'organisation générale. Il s'en distingue cependant par son **périanthe infundibuliforme**, d'un beau blanc, et par son **style allongé**. Même nombre de pièces au périanthe, à l'androcée et au gynécée; pour fruit, même capsule loculicide.

Fig. 8. Les organes végétatifs de la Tulipe et du Lys ont pour base un **bulbe** souterrain qui se rattache au sol par des racines adventives et donne chaque année des rameaux aériens portant de longues feuilles à nervation parallèle.

Fig. 8-9. L'Asperge (*Asparagus officinalis*) est considérée comme le type de la famille des **Asparagacées**. Elle ne se distingue des **Liliacées** que par le **fruit** qui, au lieu d'être une **capsule loculicide**, est une **baie** rouge, charnue, contenant les graines dans trois loges intérieures.

Fig. 10. L'Asperge a pour base un **rhizome** souterrain qui donne au printemps les rameaux qu'on mange jeunes sous le nom d'**asperges**. Ces rameaux développés se couvrent de petits rameaux grêles, qu'on nomme **cladodes** *cld*, parce qu'ils simulent des feuilles.

Fig. 11. Le Petit Houx (*Ruscus aculeatus*) appartient aux Asparaginées ; ses rameaux transformés sont aussi des **cladodes** *cld*, bien caractérisés.

Fig. 12. Le Colchique (*Colchicum autumnale*) représente les **Colchicacées** qui ne se distinguent des Liliacées que par la déhiscence de la capsule qui est **septicide** au lieu d'être **loculicide**.

Amaryllidacées.

Fig. 13. Le Narcisse (*Narcissus poeticus*) montre nettement sur sa coupe longitudinale, le caractère qui oppose les **Amaryllidacées** aux **Liliacées**. Ici, le **réceptacle** est **concave** ; il forme une coupe profonde dans laquelle s'enchâssent les trois feuilles carpellaires, unies en un **ovaire infère**, à **trois loges**. Cette forme du réceptacle (**fleur épigyne**) distingue seule les deux familles, car tous les autres caractères sont identiques.

Iridacées.

Fig. 14. L'Iris (*Iris germanica*) se rattache aux Narcisses par la forme du réceptacle, mais il s'en distingue par le nombre des étamines : **trois étamines extrorses**, opposées aux trois folioles externes du périanthe.

Les trois folioles externes sont déjetées en bas, les trois folioles internes sont dressées ; le style se termine par trois lobes qui coiffent chacun une étamine.

Fig. 15. Le diagramme opposé à celui des Liliacées met le caractère tiré des étamines en pleine évidence.

Fig. 16. La trilobation du style donne ces prolongements qui dans une autre Iridée, le *Crocus sativus*, sont recueillis et fournissent le **safran**.

Fig. 17. La **graine** est **albuminée** comme dans les familles précédentes.

Orchidées.

Fig. 1. L'Orchis mâle (*Orchis mascula*) est la plus répandue des Orchidées indigènes. Ces végétaux sont caractérisés par leurs **racines adventives** dont deux se transforment en **tubercules** accolés, et par leurs fleurs groupées en **épi** sur la hampe florale qui termine la tige, couverte de grandes feuilles rectinerves.

Fig. 2. Des deux tubercules, celui qui fournit à la végétation actuelle est ridé, l'autre au contraire, qui se prépare pour l'année suivante, se gorge de substances féculentes.

Fig. 3. La fleur présente un **périanthe** de **6 pièces** colorées en violet, disposées en deux verticilles. La pièce inférieure du verticille interne étale son limbe et le prolonge en un **éperon** recourbé; elle prend le nom de **labelle** et son irrégularité entraîne l'irrégularité de la fleur. On ne trouve qu'**une seule étamine**, en face du labelle.

Fig. 4. Cette **étamine** unique est à **deux loges** et elle s'insère sur un prolongement du style, le **gynostème** (**gynandrie de Linné**).

Fig. 5-6. Dans chaque loge, le **pollen** reste agglutiné en une petite massue ou **masse pollinique,** dont le manche se termine par une glande à secrétion mucilagineuse, le **rétinacle.**

Fig. 7. La position de la base des masses polliniques est telle que la trompe de l'insecte qui s'enfonce dans l'éperon pour y puiser le miel touche les rétinacles et emporte les masses polliniques; il les transporte ainsi sur le stigmate d'une fleur voisine.

Fig. 8. L'**ovaire** est enfermé dans un **réceptacle très concave,** il est formé par **3 feuilles carpellaires** qui portent, sur **trois placentas pariétaux,** de nombreux **ovules.**

Fig. 9. Chaque ovule devient une **graine** rudimentaire sans albumen, **exalbuminée.**

Graminées et Cypéracées.

Aux Monocotylédones à grandes fleurs colorée (**liliiflores**) s'opposent les Monocotylédones à fleurs petites, à périanthe constitué par des folioles sèches et scarieuses (**glumiflores**).

Les **Graminées** et les **Cypéracées** sont les familles indigènes de ce groupe.

Fig. 10. Les fleurs des Graminées sont réunies en groupes qu'on nomme **épillets** ; deux feuilles, les **glumes,** embrassent l'ensemble des fleurs.

Fig. 11. Le diagramme de l'**épillet** montre la position des **glumes,** l'une recouvrante, l'autre recouverte, et les fleurs situées de chaque côté de l'axe et comprises entre les glumes.

Chaque fleur normale de l'épillet comprend, dans une Graminée typique:

— 101 —

1º Deux **glumelles** : l'externe à une seule nervure ou carène ; l'interne à deux nervures, dite bicarénée et formée par la soudure de deux pièces. — 2º Deux **glumellules** ou **paléoles**, correspondant au 2ᵉ verticille du périanthe réduit. — 3º Trois étamines introrses. — 4º Un **pistil** formé par un **ovaire** à **une seule loge**, avec **un seul ovule**, surmonté de **2 styles**.

Fig. 12. La dissection de la fleur met en évidence les **glumellules**, permet de constater que les étamines ont un long filet avec des anthères se balançant à son extrémité, et met en évidence les 2 styles recourbés et plumeux.

Fig. 13. Ces styles s'insèrent au sommet de l'ovaire uniloculaire, uni-ovulé.

Fig. 14. Le fruit provenant de cet ovaire est un **caryopse**, fruit sec, uni-séminé, indéhiscent, dont la paroi (**péricarpe**) est adhérente à la paroi de la graine (**spermoderme**). La graine est **albuminée** (farine) et contient un embryon monocotylédone. Le cotylédon très développé se projette en avant sur la gemmule et d'autre part s'allonge en sac au-dessous de la radicule.

Les Cypéracées rappellent les Graminées par leurs feuilles allongées et leur port. Les caractères distinctifs sont les suivants :

Dans les Graminées. — Feuilles à gaines fendues. — Fleurs en épillets avec glumes. — Caryopse.

Dans les Cypéracées. — Feuilles à gaines non fendues. — Fleur solitaire à l'aisselle d'une glume. — Achaine.

Fig. 15. Dans certaines Cypéracées (Souchet, Scirpe), les étamines et le pistil sont réunis dans une même **fleur hermaphrodite**.

Fig. 16-17. Dans les Carex (*Carex hirta*), les fleurs sont unisexuées : **fleur mâle** à 3 étamines. — **Fleur femelle** avec **ovaire** à **une seule loge**, uni-ovulée, surmonté de **3 styles**; le **fruit** (fig. 18) est un **achaine**.

Fig. 18. L'achaine, comme le caryopse, est sec, monosperme, indéhiscent, mais la paroi du fruit reste indépendante du tégument de la graine.

TABLE ALPHABÉTIQUE

DES NOMS DE PLANTES INDIQUÉES DANS LES PLANCHES

N.-B. — Les noms latins sont en *italiques*. Le chiffre romain indique le numéro de la planche, les chiffres arabes renvoient aux figures dans chaque planche.

8059-94. — CORBEIL. Imprimerie CRÉTÉ.